Best Time

白 马 时 光

U0157982

轻松减糖

更适合中国人的减糖食谱

卡卡 著

陕西新华出版传媒集团

陕西旅游出版社

图书在版编目（CIP）数据

轻松减糖：更适合中国人的减糖食谱 / 卡卡著 . 一西安：陕西旅游出版社，2022.9

ISBN 978-7-5418-4328-0

Ⅰ . ①轻… Ⅱ . ①卡… Ⅲ . ①保健－食谱 Ⅳ . ① TS972.161

中国版本图书馆 CIP 数据核字 (2022) 第 141135 号

轻松减糖：更适合中国人的减糖食谱　　　　　　　卡卡 著

责任编辑：邓云贤

出版统筹：李国靖

总　顾　问：陈小薇

出版发行：陕西新华出版传媒集团　陕西旅游出版社

　　　　　（西安市曲江新区登高路 1388 号　邮编：710061）

电　　话：029-85252285

经　　销：全国新华书店

印　　刷：天津融正印刷有限公司

开　　本：710mm×1000mm　　1/16

印　　张：15.5

字　　数：63 千字

版　　次：2022 年 9 月　第 1 版

印　　次：2022 年 9 月　第 1 次印刷

书　　号：ISBN 978-7-5418-4328-0

定　　价：59.80 元

阅读小提示

· 本书所列食材因产季不同,市场贩售种类亦有所不同。

· 本书所列食谱的总糖分,是碳水化合物减去膳食纤维的所得。而通常意义上,减糖指减少添加糖、含糖饮料等的摄入,每日糖摄入量不高于50g。读者朋友要注意区分。

· 本书所列食谱含糖量和热量,可依个人所需,换算进食的摄取量,在减糖范围内去搭配每餐所需的菜品与分量。

· 本书所列食谱以1人份为基准,营养成分相关数值取小数点后第一位,小数点后第二位四舍五入。

· 本书所列便当食谱糖分以1人份为基准,因便当盒大小不同,盛装食物分量或多或少,预估糖分时请以1人份来计算。

· 本书所列1人份便当总糖分皆不包含主食(米饭、魔芋米、魔芋面、青花菜饭、栉瓜面……)。可依各食谱计算出糖分,去挑选适合的主食,并加上主食的糖分,则为一个减糖便当的总糖分。

· 本书所用电锅有内、外两锅,工作时,外锅需要加水。如家中无此种电锅,可用其他电锅代替。

推荐序

让我们一起减糖，轻松过生活

在多年的健康讲座里，许多读者朋友最常问的，不外乎是这种食物能吃吗，那种汤或饮料能喝吗？人们普遍认为，所谓健康的食物，就是那种难以下咽，但是为了维持健康而不得不吃的食物。

在此，我要向读者朋友说，其实通过简单的饮食管理技巧，什么都是能吃的，只是有些食物需要酌量食用，或是搭配运动日、放松日来享用。反倒是严格限制这个不能吃那个不能吃，实际执行起来很难，容易半途而废，对体重造成"溜溜球"效应，得不偿失！

通过减糖食谱，每道料理都是可以互相搭配，让人食指大动的。举例来说，日式姜汁烧肉、香菇炒水莲菜、烤甜椒、木耳炒鸡蛋这样的料理，光是想想，肚子就咕噜咕噜叫了起来。

哪种饮食方法最好

坊间有很多饮食方法，比如间歇断食法、高蛋白饮食、168饮食、生酮饮食、减糖饮食等。我们第一件必须做的事是了解自己的身体状况，比如是否有糖尿病、肾脏病、"三高"等疾病。有些隐藏的身体问题，必须通过专业的医疗检查，才会被发现。如果有隐藏身体问题的朋友，在不了解自己身体的状况下，采用了不恰当的饮食方法，很容易对健康造成更大的伤害，所以在执行比较特别的饮食管理前，请先征询医疗人员的意见！

因为每个人生活状态差异非常大，所以最好挑选适合自己的饮食方式，并且能够持之以恒地执行。在此，我推荐循序渐进的减糖饮食，摄入适量的糖类，尽量避免摄入精制糖，补充优质蛋白质，大量摄入蔬菜、水果。这样的饮食有利于促进身体健康，而且能吃得健康美味，又不会饿，对维持身体机能也有正面的帮助。

省时料理，一次打包健康美味

工作忙到连喝水都顾不上，回家怎么有时间自己做便当？制作健康美味的便当，其实很简单，小批量一次做好一周的餐点量，再按照自己的喜好搭配。在开始尝试带便当后，很多读者朋友回馈，烹调也是释放生活压力的方式，看着自己准备的健康美味便当，特别有成就感。试着开始做饮食规划且执行两周，身体及心情通常会感觉轻松！

看到这里，你是不是也有跃跃欲试的冲动，就让我们一起卷起袖子、穿上围裙，帮自己或家人烹饪美食吧！

食品科学博士 陈小薇

作者序

省时美味料理轻松煮

　　我生长在一个妈妈很会做饭、爸爸很挑嘴的家庭。因此，记忆中的餐桌，很少会出现重复的蔬菜和汤。或许是因为妈妈很会做饭，所以从小到大，我好像只要负责吃就好，完全不需要踏进厨房半步。

　　直到结了婚，孩子出生后，我的厨艺人生就从准备儿子的辅食开始了。从食物泥、熬粥到做日常料理，我一点一滴慢慢累积出跟孩子们的食物记忆。为了让孩子不挑食和自己产后减糖，我会尽量以纯天然食材，以及简单的佐料来做料理，并尽可能地利用不同食材，或者是各种料理方式来烹调。这样让我不仅对食材本身的特性更加了解，也越来越注重其营养价值，以及料理的多样性，更能吃出好滋味。

　　因为我家附近就有超市，所以我每周都会跑去看看有什么新鲜货上架。久而久之，这里就成了我买蔬菜、肉品、牛奶、鸡蛋、生活用品、儿童玩具，甚至是买家电的主要战场。更因为超市里的减糖食材种类繁多，所以我的减糖便当多数原材料都来自超市，分量大，选择多！

　　超市里食材的新鲜度、质量往往都非常不错，所以在料理中完全不需要过多的佐料，很多时候只要撒入适量的盐或者辛香料，就会让整道料理变得非常美味。即使是像我一样的职业女性，下班后也能在家轻松做饭。很多人担心买的菜分量太大，吃不完会浪费，其实只要养成好习惯，买回家后分装保存，就能充分利用食材。

对于我来说，烹饪食物是件快乐的事情，因为心情不好的时候，只要吃到好吃的食物就会很开心；另一层意义在于，也有我孩提时的深刻记忆，就是妈妈的味道！最后，我希望通过这本书来分享自己选购食材、分装保存和烹饪的心得，使想减糖但又不知道怎么烹饪，每天做饭但没有新菜谱，以及下班后没有太多时间做饭而又不想天天外食的人，通过几个简单步骤，在家也能做出一道道美味的料理。

目 录
contents

减糖便当攻略

肉类主食便当

猪肉

牛肉

鸡肉

海鲜主食便当

鱼肉

干贝 小管

虾

一锅到底

蔬菜料理

豆腐、鸡蛋料理

减糖便当攻略

减糖饮食问答

——食品科学博士 陈小薇

什么是减糖？平常吃的糖也是糖吗？

在回答什么是减糖这个问题之前，先来为大家介绍食物中的营养素，主要分为碳水化合物、蛋白质、脂肪、维生素、矿物质、水分，其中碳水化合物就是糖类，糖类又可分为单糖、双糖、寡糖和多糖。

糖与葡萄糖常常让大家难以区分，简单的区分方式就是，糖是指尝起来有甜味的糖类，分为单糖、双糖和多糖，如果糖、麦芽糖等；葡萄糖是最普通的一种单糖，也是体内能直接供能的一种糖类，进入人体后也能以肝糖的形式储存于肌肉和肝脏中，又或者再经由生化途径转化成脂肪来储存能量。所谓减糖就是减少糖分的摄入。本书中所提到的总糖分，则是碳水化合物扣除不被人体消化吸收的膳食纤维所得的数值，也被称为净碳水化合物。

总糖分 = 碳水化合物 − 膳食纤维

Tips 进行减糖饮食的糖类选择来源

全谷类食物是指未经精细化加工处理，仍保留最初形态，富含膳食纤维、B群维生素和维生素E、矿物质、不饱和脂肪酸、多酚类、植化素等的食物。全谷类食物不会造成血糖大幅度波动，属于低升糖类食物。避免胰岛素因为血糖急剧上升，瞬间大量分泌，反而让血糖值瞬间过度下降，再次产生饥饿感，造成恶性循环。因此，摄取全谷类食物可改善代谢，有助于控制体重，如糙米、燕麦、黑米、玉米、红豆、黑芝麻、大豆、大枣、高粱、小米、荞麦、薏米等。在进行减糖饮食时，建议把精制糖的摄取量降到最低，尽可能选用全谷类食物！

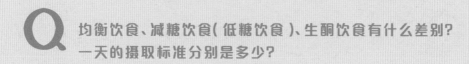

Q 均衡饮食、减糖饮食(低糖饮食)、生酮饮食有什么差别？
一天的摄取标准分别是多少？

A 营养专家建议，每日饮食三大营养素占热量比例为蛋白质 20% ~ 30%、脂类 20% ~ 30%、碳水化合物 50% ~ 60%。而这个饮食建议，正是均衡饮食的参考模板。根据营养素在每日摄取中的热量占比，可分为均衡饮食、减糖饮食（低糖饮食）、生酮饮食等不同的饮食形态。

营养素比例	均衡饮食	减糖饮食（低糖饮食）	生酮饮食
碳水化合物（糖类）	50% ~ 60%（175.5g~225g）	·20% ~ 40%(75g ~ 150g)·每日糖类摄取量不低于50g, 约13.3%	5%~ 10%(18.8g ~ 37.5g)
蛋白质	20% ~ 30%（33.3g ~ 50g）	20% ~ 35%（75g ~ 131.3g）	20%（75g）
脂类	20% ~ 30%（33.3g ~ 50g）	25% ~ 40%（41.7g ~ 66.7g）	75%（125g）

* 以总热量 1500Kcal 推估各饮食中所摄取糖类、蛋白质、脂类的重量。
每 1g 糖类平均产生 4Kcal、每 1g 蛋白质平均产生 4Kcal、每 1g 脂类平均产生 9Kcal。

建议一天的总糖分摄取标准

·低糖（高蛋白）饮食：总糖分每日少于130g，或是少于26%热量比率。如果想达到瘦身的效果，可把每日的总糖分控制在50g ~ 60g。

·生酮饮食：总糖分每日25g ~ 50g，或是少于10%热量比率。

减糖饮食的蔬菜和肉类该如何摄取？

减糖饮食中蔬菜与蛋白质的摄取顺序非常重要，先蔬菜后肉类。先摄取蔬菜获得大量的膳食纤维，可以进一步让摄取到的糖类延缓消化吸收，稳定血糖的波动，避免因为血糖急剧升高，人体急速产生胰岛素，引起饥饿感，反而想吃更多东西。肉类则是蛋白质的主要来源之一，能增强体力、提升耐力，还可帮助修复肌肉组织。

以健康成年人为例，要维持人体正常的新陈代谢与肌肉细胞发育，每日饮食中需摄取每 kg 体重 0.8g~1.2g 的蛋白质，运动者则可以提高到每 kg 体重 1g~2g 的蛋白质。也就是说，1 位体重 50kg 的成年人，每天的蛋白质摄取应控制在 40g~60g，有运动习惯者为 50g~100g。

 减糖饮食的油脂该如何摄取？

现代人总是谈油色变，担心油等于油脂，进入人体后，变成脂肪堆积在身上。其实精致型淀粉转化成脂肪囤积的机会比摄取健康油脂来得高；而脂肪在人体内除了作为热量储存之外，还能帮助脂溶性维生素 A、维生素 D、维生素 E，以及维生素 K 的吸收，带来较长时间的饱足感。因此，只要挑对油脂，就不用担心脂肪对健康的杀伤力。

脂肪结构可分为饱和脂肪酸和不饱和脂肪酸。一般油脂都含有不同比例的脂肪酸。如果室温下呈现白色固态，就是饱和脂肪酸比例较高，如猪油、椰子油；如果室温下呈现透明液态，就是不饱和脂肪酸比例较高，如橄榄油、葵花油。而不饱和脂肪酸主要有 Omega-9、Omega-6、

Omega-3，其中 Omega-3 有助于释放褪黑激素，褪黑激素可以减轻焦虑症状，并且改善睡眠质量。人体可以从鲑鱼、坚果、酪梨，以及黄豆制品中补充 Omega-3。因此建议油脂摄取选用不饱和脂肪酸比例较高的健康好油！

Q 进行减糖饮食的时候，淀粉、水果、甜点等含高糖分的食物可以吃吗？

A
进行减糖饮食的时候，所有类型的食物都可以吃，只是要注意分量，以及摄取的时间。淀粉类食物以五谷杂粮为主，如糙米、带皮地瓜或带皮马铃薯等，尽量安排在早餐或是午餐时食用。高糖食物尽量避免安排在同一餐，不然糖分很容易超过控制量。水果建议在午餐前食用，甜点通常含糖量较高，可以安排在有运动的时候，让运动帮助身体消耗糖分！营养师建议运动前一个小时补充一些好消化的糖类点心，而运动后可摄取 300Kcal 左右（糖类：蛋白质约 3：1 或 4：1）的轻食，帮助修复身体、恢复精神。饮食计划搭配运动，更能弹性且开心地享受食物！

Q 减糖饮食一日三餐如何搭配？

A
把握大原则，先计算出一日所需的总糖量，三餐的总糖量分配比例建议：早餐：午餐：晚餐＝3：2：1。让需要大量能量补充的白天，有充足的糖类供给食物。

1 丰盛营养的美味早餐

早餐基本组合，全谷类食物、优质蛋白质，加上水分补给，如鲜榨蔬果汁或是牛奶，再搭配新鲜水果补充微量元素。微量元素包括维生素以及矿物质，能够调节细胞机能，利用优质的蛋白质有效提高身体的体温，加快身体代谢，如水煮蛋、豆腐、奶酪。早餐后也请预留足够的时间，固定排便习惯，防止发生便秘造成毒素累积的情况！

2 健康均衡的活力午餐

经过4小时活动后，午餐必须补充因活动而代谢的营养。减糖饮食请以蔬菜搭配鱼肉为主，猪瘦肉、牛瘦肉为辅，主食部分可以选择高纤地瓜饭、黄豆饭、糙米饭、五谷饭，补充膳食纤维、植化素、B族维生素等。饭后适量摄取水果，让饮食内容丰富多元。

3 维持动力的低负担晚餐

因为消化需要3小时~4小时的时间，建议临睡前3小时完成晚餐的进食，才不会对睡眠质量造成影响。如果很晚才吃晚餐，应避免油腻、咸、辣的重口味食物，否则会造成消化不良。

4 加班的时候

可以准备一些减糖轻食，搭配含蛋白质、含钙的奶酪或奶酪片。

Q 食品包装上的营养标识怎么看?

A 进行减糖饮食或对饮食有所控制的人,可以看食品包装上的热量、蛋白质、脂肪、碳水化合物、糖量、膳食纤维含量,再进行简单的运算,碳水化合物－膳食纤维＝总糖,将其作为减糖饮食中糖类的摄取数值评估。

Q 减糖饮食的注意事项

A 碳水化合物每日少于130g,或是少于26％热量比例,饮食摄取上需要补充足量水分、膳食纤维,可避免发生便秘,也可减少蛋白质消化后产生的氨,以免对身体造成损害。

Q 基础代谢率是什么? 进行减糖饮食需要注意吗?

A 基础代谢率(Basal Metabolic Rate, BMR)是指在正常温度环境中,人在休息但生理功能正常运作,维持生命所需要消耗的最低能量。基础代谢率会因年龄的增加而降低,或是因为身体肌肉量增加而增加,进行减糖饮食一定要满足基础代谢率的总热量需求。如果低于基础代谢率,聪明的身体会判断为遭遇饥荒、粮食匮乏的状态,启动身体防御机制让基础代谢率再降低,减少能量的损耗输出! 测量基础代谢率需要禁食,所以后来就以公式计算的基础能量消耗(Basal Energy Expenditure, BEE)取代基础代谢率,依照不同的身体指标有不同的计算方法。以下依照体重、身高、年龄进行计算,此推算法常被作为健身的建议。

基础代谢率公式

基础代谢率男、女有别
BMR（男）=（13.7×体重〔kg〕）+（5.0×身高〔cm〕）
            –（6.8×年龄）+66
BMR（女）=（9.6×体重〔kg〕）+（1.8×身高〔cm〕）
            –（4.7×年龄）+655

Q 进行减糖饮食时，家人和自己的料理该如何准备？

A 减糖饮食主要是分量上的调整，建议依照均衡饮食的比例给家人准备饭菜，自己的部分则减少碳水化合物（糖类）的占比，用蔬菜弥补营养。

Q 减糖饮食会导致便秘吗？

A 进行减糖饮食务必注意蔬菜摄取量要充足，因为蔬菜含有大量膳食纤维，膳食纤维能够在胃肠道吸收水分、保留水分，让粪便柔软易于排出，也能吸附有毒物质，减少有毒物质接触胃肠道的时间，有效保持胃肠道健康。在摄取膳食纤维的时候，也要记得多补充水分，才能发挥膳食纤维保留、吸收水分的最大效益，从而促进胃肠道蠕动，避免便秘。

另外，进行减糖饮食的人常常出于对油脂的考量，希望少点油脂少点热量，而不敢摄取足够适量的油脂。但是，油脂具有饱足感及润滑肠道的效果，所以请务必在饮食计划内摄取充足油脂，也能让一些脂溶性维生素顺利被人体吸收！

哪些族群和情况不能进行减糖饮食？

·特殊营养需求：怀孕及哺乳的女性，以及成长中的孩子

怀孕及哺乳时期，营养需求除了供应母体，还需要满足胎儿及哺乳期婴儿，所以不建议进行减糖饮食。成长中的孩子，因为身体需要大量的营养物质，才能长高、长壮，所以不建议进行减糖饮食。

·特殊疾病：糖尿病、肾脏病、心血管疾病

减糖饮食，因为糖类占比减少，相对来说蛋白质及脂肪占比会提高，对有特殊身体状况的朋友，容易造成消化代谢上的负担。有特殊身体状况的朋友，需要咨询专业医疗人员，在进行身体评估后才能进行适合的饮食规划！

1　减糖便当要纳入整天的饮食计划当中，控制每日总糖分不高于130g，不低于50g。本书提供每种减糖便当的总糖量，可以用此作减糖饮食规划。

2　减糖便当以肉料理、海鲜料理做菜式的变化，搭配蔬菜料理。每天应该摄取3份~5份蔬菜，1份蔬菜约等于100g生菜。也要特别注意摄取到的脂肪是否在限制的范围内，避免摄取过多。

3　如果觉得便当分量不够，可以多补充蔬菜，增加膳食纤维的摄取，也要记得多补充水分，但要避免摄取过多水分。

4 如何做一份兼顾营养、均衡饮食的减糖便当? 确定总糖分后, 就可以挑选本书的料理, 填入下方的表格, 把蛋白质和脂肪部分作汇总, 对照建议的范围。

营养素 比例	减糖饮食 (低糖饮食)	早餐	午餐	晚餐	总数
碳水化合物 (糖类)	· 20%~40% (75g~150g) · 每日糖类摄取量不少于50g				
蛋白质	20%~35% (75g~131.3g)				
脂　肪	25%~40% (41.7g~66.7g)				

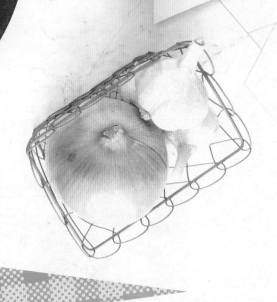

5 每份减糖便当摄取标准

· 如果是轻松减糖的方式, 每份减糖便当总糖分为 35g~40g, 每日总糖分少于130g。

· 如果想达到瘦身的效果, 每日的总糖分需控制在 50g~60g, 中午享用的减糖便当总糖分为 16g~20g。

食材分装保存方法

1. 分成小袋保存

大分量食材，最重要的是要依料理所需、食用人数，适量包装，这样就能吃完，绝不浪费。

方便料理

2. 事前调味

可以让食材更入味，料理时也能加快速度。

3. 食材铺平排放 ➡ 短时间解冻

缩短烹调时间

将食材适量分装到保鲜袋时，尽可能"平整平放"，并挤出袋内空气，方便解冻，也可达到保鲜效果。

4.袋上标示名称、重量、日期 ➡ **在保存期限内食用**

在使用时可以一目了然，避免出现不小心放过期的问题。

保 存

1.冷冻保存 ❋ **生食2周~3周、熟食约1个月**

不会马上使用的食材，分装保存后要马上冷冻，保持食物的鲜度。

2.冷藏保存 ❋ **2天~3天**

近期会使用的食材或解冻食品，并尽快料理。

解 冻

1.生食 ➡ **自然解冻**

肉类或海鲜等生食，可在料理的前一天移
至冰箱冷藏室低温解冻。

2.熟食 ➡ **自然解冻或微波炉解冻**

事前调理过的熟食，可以放至冷藏室低温
解冻。如果没有时间的话，可直接用微波
炉解冻。

如何选择便当食材？

对厨房新手来说，先不谈怎么做菜，仅是如何在超市生鲜区挑选食材，就一个头两个大了。其实，挑选食材一点儿都不难，只要掌握几个小妙招，你就能轻松买到新鲜又有质量保证的食材。

如何挑选肉类和海鲜食材？

· 在传统市场购买肉类和海鲜食材时，可直接通过食材的味道、颜色，以及弹性进行挑选。因为新鲜的肉及海鲜闻起来没有腥臭味，摸起来肉质富有弹性，用指腹轻轻地按压就可立即弹回。

· 在超市购买肉类和海鲜食材时，可以先看选购的商品的包装是否完整，无破洞，底层有没有血水渗出，外包装是否完整地标示品名、原料、净重、有效日期、保存条件及认证信息等。

如何挑选蔬菜类食材？

在一般传统市场、超市购买蔬菜食材时，可直接观察蔬菜的外观，来判断食材的新鲜度。

● 叶菜、包叶菜类（青花菜、结球白菜、芥蓝菜等）
挑选球形完整、结球紧密、叶片完整且没有枯萎变黄的。

形状完整、结球紧密　　　　　　叶片完整　　　　　　没有枯萎变黄

根菜类（马铃薯、胡萝卜、白萝卜等）

挑选表皮光滑细致，没有凹洞、无须根、无发芽的。

没有须根、没有发芽　　　　　没有凹洞　　　　　表皮光滑

茎菜类（洋葱、姜、竹笋等）

挑选表面光滑饱满、闻起来没有腐臭味的。

表面光滑饱满　　　　　味道鲜美

没有腐臭味

菇菌类（杏鲍菇、金针菇、香菇等）

挑选肉质肥厚饱满、细嫩无外伤、闻起来没有臭味的。

没有外伤

肥厚饱满

食材选择

在掌握挑选食材的原则后，就可以着手规划菜单，在减糖便当的食材选择上，建议使用当季的食材。原因很简单，当季食材最新鲜，在最适合的天气条件下生长，价格也会相对便宜。当然，最重要的是食材本身够新鲜，只要通过简单的烹饪，就能吃出食材的鲜甜。以下是当季的蔬菜种类：

种类	春季(3月~5月)	夏季(6月~8月)	秋季(9月~11月)	冬季(12月~2月)
绿色蔬菜	菠菜、青花菜、青葱、小松菜、水莲菜、秋葵、四季豆、栉瓜	青花菜、青葱、小松菜、水莲菜、秋葵、四季豆	菠菜、青花菜、青葱、小松菜、水莲菜、四季豆、栉瓜	菠菜、青花菜、青葱、小松菜、水莲菜、四季豆、栉瓜
黄色蔬菜	甜椒、绿竹笋、茭白	甜椒、麻笋、绿竹笋、茭白	甜椒、麻笋、绿竹笋、茭白	甜椒
红色蔬菜	辣椒、西红柿、胡萝卜	辣椒、西红柿	辣椒、西红柿、胡萝卜	辣椒、西红柿、胡萝卜
白色蔬菜	苦瓜、白萝卜、洋葱、大蒜、结球白菜	苦瓜、白萝卜、结球白菜	苦瓜、白萝卜、结球白菜	白萝卜、洋葱、结球白菜、大蒜
紫色蔬菜	茄子	茄子	茄子	
菌菇类	杏鲍菇、香菇、金针菇	杏鲍菇、香菇、金针菇	杏鲍菇、香菇、金针菇	杏鲍菇、香菇、金针菇
杂粮	甘薯、玉米	玉米	玉米、山药	甘薯、玉米、山药

如何摆放便当食材才不会混味？

每道料理都有自己专属的味道，平时常带便当的朋友，或者遇到过菜与菜之间的味道混在一起，或者菜的酱汁混入白饭中，导致米饭软烂的情况。可以通过以下几种方式，避免便当混味的问题。

选购分隔或分层的便当盒

目前市面上很多品牌都推出了不同材质的分隔或分层的便当盒，可以运用便当盒本身的分隔或分层设计，把米饭和肉、菜分开装，或者是把口味较重与较清淡的菜分开装，这样可以避免肉、菜的味道和米饭混在一起。

通过烹饪手法来减少汤汁

在烹饪过程中减少红烧或勾芡，而改以干煎、气炸，或者是烤箱烘烤等烹饪方式，同时在装便当时，尽量不要把菜肴的汤汤水水一起放入便当盒里。

把有酱汁的菜肴单独放入分隔盒中

如果遇到有酱汁的料理，可以将它单独放在便当盒内的分隔盒中，这样可以避免汤汁裹到其他菜肴上。

如何搭配一个美味好吃的便当？

利用食材的体积，来决定菜品的摆放顺序

装便当时，先把体积较大的主菜（肉、海鲜等）放入便当盒中；再放入鸡蛋、豆腐等体积适中但比较容易因碰撞而受到挤压的食材；最后放入蔬菜这类比较软、可以稍微弯折的食材，来填充便当的空隙部分。减糖主食（青花菜饭、魔芋面、魔芋米、魔芋米饭、栉瓜面等）则建议单独用便当盒装。

利用配菜让便当加分

装便当时，以不同蔬菜来衬托主菜，增添便当的视觉丰富性。例如，绿色蔬菜水莲菜、黄色蔬菜玉米、红色蔬菜甜椒、白色蔬菜白萝卜等，都是色彩丰富又美味的配色食材。

不同加热工具的配菜选择

　　根据不同的加热工具选择不一样的配菜，以及配菜料理的烹饪时间。例如，如果是用电锅蒸便当的话，则把容易软嫩、变黄的绿色蔬菜和紫色蔬菜，改成耐蒸的黄色蔬菜、红色蔬菜和白色蔬菜。如果是用微波炉加热的话，在烹饪绿色蔬菜时，建议煮到七八分熟，这样再次加热时，也不用担心绿色蔬菜因加热过度而变黄；或者是缩短加热的时间。

利用造型模具来做食物雕花

　　可以利用食物本身的颜色、硬度（如红白萝卜、甜椒、木耳等），再运用一些造型模具来做简单的食物雕花（如星星、爱心、圣诞树），或者是把青葱切丝，这样能让整个便当的摆盘更加抢眼。

如何选择便当盒？

蒸便当该怎么选？

如果加热工具是蒸饭箱或电锅的话，建议以金属（不锈钢）材质的便当盒为主。

当日现做、不需加热该怎么选？

如果是当日现做、不需再加热的便当，在便当盒的选择上则无设限，可依照个人喜好，选择金属（不锈钢）、玻璃、陶瓷、竹或木片、塑料（须符合加热标准）等材质的便当盒。

用微波炉加热该怎么选？

如果加热工具是微波炉的话，建议以玻璃、陶瓷、塑料（须符合加热标准）等材质的便当盒为主。请注意使用微波炉时，不要连盒盖一起加热。

省时省力的料理器具

正所谓"工欲善其事，必先利其器"，若想要自己动手做便当，适度地运用料理电器来减少做便当的时间，就显得相当重要。大家可依照个人的喜好、吃饭人数、下厨的频率，以及预算来做选择。

空气炸锅、空气炸烤箱、烤箱

一般来说，厨房的空间是有限的，大多数家庭很难同时拥有空气炸锅、空气炸烤箱、烤箱这三种产品。因此，建议大家可依照人口数，以及比较常做的料理种类进行选择。

产品类型	容量	料理时间	适用料理
空气炸锅	最小	快速	酥炸料理、果干
空气炸烤箱	适中	适中	酥炸料理、甜点、果干
烤箱	最大	较长	烧烤料理、各类面包、蛋糕、甜点

空气炸锅

空气炸烤箱

烤箱

不粘炒锅

　　厨房一定要有个不粘锅，因为不粘锅可依照食材的特性，以不放油或少油就能达到不粘的效果。挑选不粘锅时，建议挑选符合法规、有质量保障的品牌。不粘炒锅的大小，可依据家中人口数以及瓦斯炉空间做选择：

　　· 1 人 ~2 人的家庭：建议选 24cm~26cm 的炒锅。

　　· 3 人 ~4 人的家庭：建议选 28cm~30cm 的炒锅。

　　· 4 人以上的家庭：建议选 33cm 的炒锅，或者是更大的炒锅。

电饭锅

　　可以煮白饭，也能用来蒸、煮、炖等。建议选择10 人份电饭锅，这种尺寸是用途最广泛、最好利用的。

铁锅

　　铁锅适合煎牛排、羊排，或者是做带壳的海鲜料理。清洁非常方便，也能用钢刷。唯一需要注意的是，使用完毕，需用燃气灶小火烘干再涂油养锅。

铸铁珐琅锅

铸铁珐琅锅导热速度快，适合做炖煮、煎炸等料理，以及一锅炖。唯一的缺点就是锅本身较厚重，建议可依人口数做选择：

· 1 人～2 人的家庭：建议选 20cm 以下的铸铁珐琅圆锅。

· 3 人以上的家庭：建议选 22cm 以上的铸铁珐琅圆锅，或 26cm 的铸铁珐琅妈咪锅。

数位电子料理秤、测量勺

称量食材重量，便于清楚掌握食材的分量和热量。

夹链冷冻保鲜袋

请选择冷冻库专用的材质，双层夹链可以有效密封生鲜食品。

食物烹调专用纸

可用于烤箱、空气炸锅、空气炸烤箱，能防止食物在加热过程中粘烤盘，耐热温度可达 250℃。

如何快速做出一份减糖便当？

善用"时间差""料理工具"；多工料理

料理所需的切菜、备料、烹饪时间长短不一，可依据食物特性调整顺序，可从最花时间的肉类开始，依序是豆腐、菇类、鸡蛋、青菜。在设计便当时，可以利用不同的料理工具(如电锅、空气炸锅、空气炸烤箱、烤箱以及瓦斯炉)，开启多工模式。

利用"一锅到底"减少料理时间

在料理顺序上，可以先烹饪没有酱汁的料理，再烹饪酱汁浓郁的料理，例如，玉子烧→炒青菜→花雕鸡；或者用铸铁锅做一锅到底料理。以上这两种做法，都可以减少料理时间和烹煮过程中需要清洗锅的时间。

充分利用"料理工具的空间"做分隔料理

善用一锅多道的烹饪方式，来节省做菜的时间。如果是使用空气炸锅，可同时料理不同食材，例如肉品需要时间料理，通常需两次的气炸时间让肉的表皮酥脆，进行第二次气炸时可以将配菜放在锅内一侧。或是使用电锅叠煮的方式，一次完成2道~3道的料理，便当的主菜和配菜统统解决。

30天减糖便当方案

DAY 1

里脊肉排便当 23.8g

+ 青花菜饭 5.1g

DAY 2

香烤鲑鱼 5.6g + 青花菜饭 5.1g

DAY 3

虱目鱼肚便当 10.3g

+ 青花菜饭 5.1g

DAY 4

蒸肉蛋便当 11.6g

+ 柿瓜面 3.5g

DAY 5

美味小管便当 14.6g

+ 魔芋米 0.4g

香菇镶肉便当 8.4g

+ 魔芋米 0.4g

焗烤虾便当 13.9g

+ 魔芋米 0.4g

四季豆炒牛肉便当 9.6g

+ 青花菜饭 5.1g

杏仁虾便当 21.3g

+ 魔芋米 0.4g

洋葱烤鸡腿便当 20.9g + 魔芋面 0.4g

DAY 9

咖喱牛肉卷便当 19.8g
+ 魔芋面 0.4g

DAY 10

红枣枸杞虾 9.5g + 青花菜饭 5.1g

DAY 13

香草鸡肉便当 12.7g
+ 魔芋米 0.4g

DAY 14

剥皮辣椒鸡腿便当 13.6g
+ 青花菜饭 5.1g

DAY 15

奶油海鲜 1.9g + 栉瓜面 3.5g

DAY **16**
炸鸡便当 25.4g
+ 魔芋米 0.4g

DAY **17**
柠檬鱼便当 7.0g
+ 栉瓜面 3.5g

DAY **18**
咸香卤味便当 18.7g
+ 魔芋面 0.4g

DAY **21**
姜汁烧肉便当 13.9g
+ 魔芋面 0.4g

DAY **22**
照烧中卷便当 21.1g + + 魔芋面 0.4g

DAY
19

五花肉奶酪卷便当 15.6g
+ 魔芋米 0.4g

DAY
20

奶油干贝便当 11.1g+ 青花菜饭 5.1g

DAY
23

蒜片牛排便当 5.6g
+ 魔芋米 0.4g

DAY
24

酱烧三杯鸡便当 15.2g
+ 魔芋面 0.4g

DAY
25

塔香虾仁便当 12.3g
+ 栉瓜面 3.5g

DAY
26

起司汉堡排便当 19.7g

+ 魔芋米 0.4g

DAY
27

鲜蔬炖牛肉便当 29.9g

DAY
28

五花肉什锦便当 6.8g

+ 青花菜饭 5.1g

DAY
29

胡椒虾便当 14.2g

+ 魔芋面 0.4g

DAY
30

花雕鸡便当 27.8g + 魔芋米 0.4g

取代淀粉的主食选择

· 兼顾口感及控制总糖摄取，可以按白米：魔芋米 =2：1 的比例作为主食。

· 若要增加膳食纤维摄取量，可以用糙米或五谷米作为白米的替代。

· 如果想达到瘦身的效果，严格控制总糖分在 50g~60g，非常推荐青花菜饭、魔芋米、魔芋面及栉瓜面作为主食。

青花菜饭
5.1g

魔芋米
0.4g

魔芋面
0.4g

栉瓜面
3.5g

主食	1人分量（g）	热量（kcal）	粗蛋白（g）	粗脂肪（g）	膳食纤维（g）	总糖（g）
青花菜饭	200.0	48.7	3.6	0.3	4.2	5.1
魔芋米	200.0	40.0	0.2	0.2	8.8	0.4
魔芋面	200.0	40.0	0.2	0.2	8.8	0.4
栉瓜面	200.0	30.3	2.9	0.2	1.9	3.5
魔芋米饭	200.0	197.5	3.3	0.5	6.2	43.4
白饭	200.0	366.3	6.2	0.5	1.1	80.9

肉类主食便当

猪肋排切块分装保存

猪肋排肉厚实又带有一些软骨,非常适合红烧、气炸、炖汤等料理方式。建议购买已经切块的猪肋排,因整块的猪肋排都是一整排带有整根骨头的,一般家里的刀很难将其剁成块状,所以直接买切块的方便!

分装保存

依照料理所需的分量分装保存,并且在保鲜袋上标记名称、日期、重量,再放入冰箱冷冻保存,以先进先出的准则取用。

· 2周~3周冷冻保存。
· 自然解冻或放置冷藏室解冻。

美味关键

1. 在腌制猪肋排时,可以加入少许的白胡椒粉、蒜末、香油、米酒及酱油,或者只加米酒及白胡椒粉,去除腥味。

2. 如果是隔天要料理,可将以上食材放入保鲜袋先混合腌制,再放入冰箱冷藏保存,会更加入味。

肉

猪里脊肉片分装保存

猪里脊肉片的口感比较有嚼劲、不油腻，也不会干柴，一般常用于炸猪排。

分装保存

①小袋真空包装保存
将猪里脊肉片分成 4 小袋，在包装上标注名称、重量、日期，直接放入冰箱冷冻室保存，在料理前一晚移至冷藏室自然解冻。

②适量分装
依照食用的分量分袋保存，并标注食材名称、重量、日期，平整放入冰箱冷冻，小份包装方便解冻。

· 2 周 ~3 周冷冻保存。
· 自然解冻或放置冷藏室解冻。

美味关键

为了让猪里脊肉片吃起来更加美味可口，可以在调味前先将肉捶打成薄片，把肉的纤维拍断，避免肉质在加热过程中因为收缩而导致干柴。

五花肉片分装保存

五花肉就是大家所熟悉的三层肉，因为油脂含量丰富，所以肉的香味较浓郁，适合炖煮、煎炒、气炸、烧烤等料理方式。五花肉片是减糖的好食材，性价比超高！

分 装 保 存

五花肉片买回家后，可依照需要使用的分量分装，并且标注名称、日期、重量，再放入冰箱冷冻保存，料理前拿出来可快速解冻并方便料理。

· 2 周 ~3 周冷冻保存。
· 自然解冻或放置冷藏室解冻。

美 味 关 键

1. 选购时，请务必选择油脂和瘦肉较平均的五花肉。因为油脂过多，在烹饪的过程中就会产生过多的油，建议把多余的油脂切除后再料理。

2. 五花肉片非常适合拿来制作肉泥，料理时建议自己动手剁成肉泥使用，可以做成各式的肉酱、肉臊、肉丸等。

肉

五花肉油脂多且软弹，适合拿来做红烧、酱煮、气炸等料理。料理方式多样。

分装保存

买回家后，可以先依照自己想要的烹饪方式，切成 4 份 ~6 份，尽可能大块冷冻保存。因为使用大块肉的保存方式，较能减少细菌滋生。在保鲜袋上标注名称、日期、重量，再放入冰箱冷冻室保存。

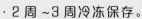

· 2 周 ~3 周冷冻保存。
· 自然解冻或放置冷藏室解冻。

美味关键

1. 去除肉品腥味，可在汆烫用的冷水中，加入 1ml 米酒或是 2 片 ~3 片姜片。

2. 在汆烫猪肉血水时，请直接把肉放入冷水中煮至沸腾，并且在此过程中不要搅动，杂质可以处理得较干净。搅拌这个动作会让水变混浊。

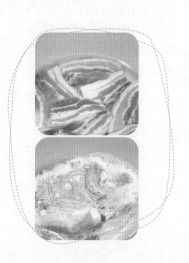

甜辣感
酸微口

秘制糖醋干式排骨

一般常见的糖醋排骨是用番茄酱、酱油膏来调味，属于湿式排骨，虽然好吃但口味稍重。而卡卡秘制私家排骨，有别于传统做法，利用猪肋排本身的油脂，以气炸取代油炸，在料理过程中不使用番茄酱，是偏干式风味的糖醋排骨。这道菜推荐给喜欢酸甜口感的朋友。

1人分量	总热量	糖分	膳食纤维	蛋白质	脂肪
108.3g	285.8cal	2.9g	0.2g	19.0g	21.2cal

准备材料（3 人份）

猪肋排切块 300g　　　砂糖 2g
蒜头 6g　　　　　　　米酒 2ml
辣椒 1g　　　　　　　白醋 3.5ml
地瓜粉 5g　　　　　　酱油 3ml
白胡椒粉 1g　　　　　香油 1.5ml

料理方式

1. 先将蒜头切末、辣椒切碎备用。

2. 将猪肋排切块、白胡椒粉、蒜末（一半）、香油、米酒及酱油搅拌均匀，腌制约 30 分钟。

3. 把腌制后的猪肋排切块均匀沾裹薄薄的地瓜粉后，静置 5 分钟等待返潮，接着放入空气炸锅内，以 180℃烤 10 分钟，进行第一次气炸。

4. 气炸后确认猪肋排切块可用筷子穿透，以 200℃烤 2 分钟 ~ 3 分钟进行第二次气炸，至表面酥脆。

5. 最后，把白醋、砂糖、蒜末（另一半）、辣椒碎，跟已熟透的猪肋排充分搅拌均匀便完成。

猪肉便当

Tips

1. 如何判断排骨是否熟透？可以用筷子刺穿肉的最厚处，即熟透。
2. 由于排骨本身已经带油脂，所以气炸时不需要额外喷油。
3. 返潮可使气炸排骨时不易脱浆、掉粉，维持酥脆的口感。

气炸排骨便当
总糖分 10.2g

胡麻酱佐秋葵 4.1g

糖醋干式排骨 2.9g

玉子烧 3.2g

* 食用时再淋上胡麻酱

猪肉便当

准备材料（4人份）

五花肉 600g	砂糖 45g
豆干 100g	米酒 15ml
海带 60g	乌醋 30ml
豆皮 100g	酱油 60ml
胡萝卜 80g	水 220ml
蒜头 25g	

料理方式

1. 先将五花肉切块、胡萝卜切块、蒜头切末备用。

2. 将五花肉放入装有冷水的锅里，开小火煮到水滚，至表面无血色就可捞出备用，汆烫的水倒掉。

3. 取一干净的锅，倒入米酒、乌醋、砂糖、酱油、水、蒜头，再加入胡萝卜和已汆烫过的五花肉，以及配菜豆干，一并放入电锅蒸煮（外锅放3量米杯的水）。

4. 等待电锅开关键跳起后，先捞起五花肉、豆干，再把海带和豆皮放入卤汁中。

5. 将内锅取出放置在瓦斯炉上煮约15分钟即完成。

Tips

为了让豆干可以卤得更入味，买来后可先放进冷冻室，冷冻至少4小时，之后拿出来解冻后再卤，这样在卤制的过程中，豆干更容易吸附卤汁更入味。

咸香卤味便当 总糖分 18.7g

咸香卤味 17.1g

水煮卷心菜 1.6g
分量 50g

肉皮劲道
香喷喷

醋香卤五花肉

谁说卤肉一定要用卤包？如果你喜欢咸甜的卤肉，非常推荐这道醋香卤五花肉。只要把酱汁按照比例调配好，再和五花肉一起放入电锅蒸，就能轻松卤出一锅咸甜又带有醋香的卤肉，而且卤肉汤汁拿来卤豆干、海带、豆皮也很好吃。

1人分量	总热量	糖分	膳食纤维	蛋白质	脂肪
333.8g	765.0cal	17.1g	2.2g	34.4g	60.0cal

绵密口感
带有甜味

马铃薯炖肉

如果吃腻了卤肉,不妨来试试这道家常马铃薯炖肉。水煮马铃薯的热量不高,且含有多种维生素,不仅有足够的水分和纤维,而且是非常好的抗性淀粉。这道料理除了马铃薯跟猪肉是必备食材,还可以依照个人喜好放入蔬菜和魔芋一起炖,吃起来不仅富有饱足感,更能吃到蔬菜的自然鲜甜。

1人分量	总热量	糖分	膳食纤维	蛋白质	脂肪
287.5g	279.4cal	21.0g	2.4g	10.3g	15.0cal

准备材料（4人份）

五花肉片 160g   米酒 20ml
马铃薯 350g   味醂 20ml
洋葱 100g   日式酱油 60ml
胡萝卜 100g   水 300ml
豌豆荚 40g

料理方式

1. 先将马铃薯去皮切块、洋葱切丁、胡萝卜去皮切块、豌豆荚去头尾备用。

2. 取一个干净的锅，放入马铃薯、洋葱、胡萝卜、米酒、味醂、日式酱油，以及水，放置瓦斯炉上，用小火炖至马铃薯软烂。

3. 接着转中火，再放入五花肉片和豌豆荚，煮至熟透即完成。

猪肉便当

Tips

1. 有些酱油比较咸，可加砂糖调整咸度，并斟酌酱油的使用量。
2. 把马铃薯外表的泥土清洗干净后，用报纸包住，放置在通风良好的阴凉处；或把马铃薯和苹果一起放置在深色纸袋中，可以抑制其发芽；也可蒸熟后切块冷冻保存。
3. 马铃薯如果发芽了，建议不要食用。

日式炖肉便当
总糖分 21.6g

溏心蛋 0.6g

马铃薯炖肉 21.0g

猪肉便当

准备材料（3 人份）

猪里脊肉排 330g　　　　米酒 1ml

蒜头 5g　　　　　　　　酱油 8ml

地瓜粉 0.25g　　　　　香油 1ml

黑胡椒 0.5g　　　　　　食用油 1ml（空气炸锅喷油用）

料理方式

1. 先将猪里脊肉排锤打薄，蒜头切末备用。

2. 取一器皿，放入猪里脊肉排、黑胡椒、蒜末、香油、米酒及酱油搅拌均匀，放置冰箱冷藏腌制约 20 分钟。

3. 把腌制过的里脊肉排均匀地沾裹一层薄薄的地瓜粉，静置约 5 分钟等待返潮。

4. 将里脊肉排表面喷油后放入空气炸锅里，以 200℃烤 4 分钟进行第一次气炸。

5. 接着将里脊肉排翻面，以 200℃烤 2 分钟进行第二次气炸。

Tips

1. 猪里脊肉排要先锤打，把猪肉纤维切断后，吃起来会更加柔软好吃。
2. 猪里脊肉排的油脂较猪肋排的少，使用空气炸锅前可喷上少许的油。

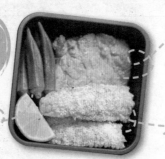

里脊肉排便当
总糖分 23.8g

里脊肉排 0.8g

胡麻酱佐秋葵 4.1g

烤起司玉米 18.9g

* 食用时再淋上胡麻酱

肉香四溢
鲜嫩多汁

气炸猪里脊排

猪里脊肉低脂肪、低热量，完全不输给鸡胸肉，也受到减糖族的喜爱。如果吃腻了鸡胸肉，就来吃猪里脊吧！常见的炸排骨多半都有裹粉。裹粉可以分为酥炸粉、面包粉以及地瓜粉这三种。我最喜欢的是只有薄薄一层地瓜粉的做法，可以吃到肉的原味。

1人分量	总热量	糖分	膳食纤维	蛋白质	脂肪
115.6g	217.3cal	0.8g	0.1g	24.8g	11.9cal

清爽
不油腻

起司猪佐茭白

不同于印象中的起司猪排，这道料理不需要用面包粉和鸡蛋裹粉油炸，而是改用五花肉片直接包裹奶酪丝跟茭白。茭白的水分多、热量低、纤维含量高，并且富含维生素 A 和维生素 C，在料理中加入这个食材，吃起来不仅可以中和五花肉片的油腻、咸，而且口感酥脆多汁。

1人分量	总热量	糖分	膳食纤维	蛋白质	脂肪
93.4g	241.1cal	2.2g	0.7g	10.4g	20.7cal

猪肉便当

准备材料（3 人份）

五花肉片 150g　　　　七味粉（依喜好添加）
茭白 90g
干酪丝 30g
烧肉酱 10ml

料理方式

1. 取一器皿，放入五花肉片与烧肉酱，搅拌均匀，
   腌制 30 分钟。

2. 把茭白切成条状，长度略长于肉片宽度。

3. 将腌制后的肉片平整地放在铺有烘焙纸的烤盘
   上，放上干酪丝和茭白条，接着将肉片卷起来。

4. 放入烤箱，以 230℃烤 10 分钟，之后翻面再以
   230℃烤 5 分钟，烤至表面焦黄色，撒上七味粉
   即完成。

Tips

奶酪如果一次用不完，请务必密封放置冰箱冷冻保存，避免发霉，密封好的话可保存
一个月。

五花奶酪卷便当
总糖分 15.6g

日式腌萝卜 6.9g

五花奶酪卷 2.2g

蒜炒芥蓝菜 6.5g

芥蓝菜 150g、蒜头
5g、油 1.5ml、水和
盐适量拌炒

猪肉便当

五花肉 220g

蒜头 20g

盐 2.5g

黑胡椒粒 1g

食用油 1ml

料理方式

1. 用针将五花肉的表皮戳出无数个小洞后，涂上盐和黑胡椒粒。

2. 将蒜头剥皮后冲洗，在表面均匀涂抹上油。

3. 在空气炸锅的锅底加入一点儿水，避免气炸时油烟过大。接着在五花肉表皮上添一层油，将五花肉表皮朝下放进空气炸锅，同时放入抹过油的蒜头，以 200℃烤 8 分钟进行第一次气炸。

4. 接着先把蒜头取出，再将五花肉翻面，以 200℃烤 8 分钟进行第二次气炸。

5. 将气炸完的五花肉、蒜头切片盛盘，即可上桌。

Tips

1. 蒜头剥除外皮后再涂上薄薄的一层油，这样可以避免在气炸过程中变焦黑。

2. 在五花肉的表皮上戳小洞，可以在气炸的过程中把五花肉多余的油脂逼出，使之变得更加酥脆。

黑胡椒猪肉便当
总糖分 7.7g

胡麻酱佐秋葵 4.1g

溏心蛋 1.1g

气炸五花肉 2.5g

*食用时再淋上胡麻酱

外皮酥脆
肉质鲜嫩

气炸胡椒五花

喜欢吃油香猪肉的朋友，请务必尝试这道简单、快速的气炸胡椒五花，只需要用盐、黑胡椒简单地进行调味，就能吃到酥脆的猪皮以及软嫩的肉，真是满嘴油香不油腻。

1人分量	总热量	糖分	膳食纤维	蛋白质	脂肪
122.3g	450.9cal	2.5g	0.5g	16.7g	40.9cal

厚实多汁
好想
咬一口

手打香菇镶肉

带有香菇香、蒜香、酒香的香菇镶肉，是一道经典的家常料理。香菇不仅低热量、高蛋白，更富含维生素、多糖类、高纤维质，适量食用有助于保持肠道健康。料理时，可直接将五花肉片剁成肉泥，使口感更有层次感。

1人分量	总热量	糖分	膳食纤维	蛋白质	脂肪
112.8g	224.9cal	2.9g	2.1g	9.1g	18.5cal

准备材料（2人份）

五花肉片 100g   葱花（依喜好添加）
新鲜香菇 80g（6朵）   酱油 3ml
胡萝卜 30g   米酒 2.5ml
蒜头 5g
姜 5g

猪肉便当

料理方式

1. 将胡萝卜切丁，蒜头、姜切末备用。

2. 将五花肉片直接剁成肉泥后，加入胡萝卜丁、蒜末、姜末、酱油，以及米酒，并用力摔打肉泥，增加弹性。

3. 接着把肉泥捏成肉球，填入去蒂的新鲜香菇中。

4. 取一个盘子，香菇盖那面朝下，并放入电锅蒸（外锅放一量米杯的水），最后在上桌前撒些葱花即完成。

Tips

1. 挑选香菇时要选外观完整，菌肉肥厚并带有香气的，购买后，要装入干燥的密封袋里，放进冷藏室保存。
2. 建议直接买五花肉片，剁成肉泥使用，吃起来更美味、更安心。

香菇镶肉便当
总糖分 8.4g

卤蛋 1.1g
做法同可乐卤五花

香菇镶肉 2.9g

炸蔬菜 4.4g
栉瓜 120g、胡萝卜 80g，
做法同油烤西红柿栉瓜

猪肉便当

准备材料（2人份）

五花肉片 150g   萌瓜 40g
鸡蛋 60g（1颗）   萌瓜汤汁 10ml
蒜头 10g   米酒 1ml
葱花（依喜好添加）

料理方式

1. 先将五花肉片剁成肉泥、蒜头切末，并将萌瓜切碎备用。

2. 取一器皿，加入肉泥、蒜末、萌瓜、萌瓜汤汁、米酒、鸡蛋，并拌匀。

3. 然后把搅拌均匀的肉泥放进电锅蒸（外锅约放一量米杯的水），开关键跳起后再撒入葱花，即可食用。

Tips

1. 萌瓜本身就带咸味，不建议加酱油；口味比较清淡的人，萌瓜的汤汁只要放一半或者 1/4 就好。

2. 如果比较喜欢吃脆口瓜的话，可以把萌瓜改成脆瓜，料理步骤和比例都一样。

肉蒸蛋便当
总糖分 11.6g

气炸蔬菜 5.5g

栉瓜 50g、玉米笋 50g、
甜椒 60g、胡萝卜 20g，
做法同油烤西红柿栉瓜

瓜仔肉蒸蛋 6.1g

滑嫩中
带有咸香

咸香瓜仔肉蒸蛋

如果没有太多时间卤肉的话，可尝试做这道懒人必学的瓜仔肉蒸蛋。蒸肉时加入鸡蛋，不仅可提升肉的口感，吃起来更加滑润，而且可以减轻萌瓜的咸味。带有淡淡咸香的萌瓜搭配滑嫩的鸡蛋，同时拥有两种层次的口感，超级推荐！

1人分量	总热量	糖分	膳食纤维	蛋白质	脂肪
136.0g	364.1cal	6.1g	0.5g	15.7g	30.2cal

呛辣带有淡淡甜味

日式姜汁烧肉

姜除了是常见的辛香料，还具备抗氧化的作用。这道日式姜汁烧肉的做法很简单，关键在于姜跟蒜头一定要磨成泥。除了用姜里面的姜油酮及姜油酚来提升五花肉的气味，更因为有了洋葱的香甜，使整体味道咸甜，好吃得不得了。

1人分量	总热量	糖分	膳食纤维	蛋白质	脂肪
117.7g	300.5cal	6.0g	0.7g	10.6g	24.9cal

准备材料（3人份）

五花肉片 200g   日式酱油 15ml
洋葱 100g（半颗）   味醂 10ml
姜 10g   米酒 10ml
蒜头 5g   食用油 1ml
砂糖 2g

料理方式

1. 将姜和蒜头磨成泥、洋葱切丝备用。

2. 取一器皿，加入姜泥、蒜泥、日式酱油、味醂、米酒、
   砂糖，搅拌均匀备用。

3. 在锅中倒入食用油及洋葱丝，拌炒至有香味。

4. 倒入步骤 2 已调配好的酱汁，煮约 10 分钟。

5. 最后，把五花肉片放入锅中拌炒至熟透即完成。

Tips

吃姜汁烧肉时，可以依照个人喜好适量放入七味粉、水波蛋和海苔丝，增添味道的丰
富性。

姜汁烧肉便当
总糖分 13.9g

玉子烧 3.2g

姜汁烧肉 6.0g

烤甜椒 4.7g

猪肉便当

准备材料（2 人份）

猪里脊烧肉片 180g　　　黑胡椒 0.5g
蒜苗 35g　　　　　　　米酒 1ml
蒜头 4g　　　　　　　　食用油 1ml
盐 1g

料理方式

1. 将猪里脊烧肉片、蒜苗斜切，蒜头切片备用。

2. 在不粘炒锅中放入食用油、蒜头和蒜苗，并拌炒出香气。

3. 接着放入猪里脊烧肉片及米酒持续拌炒。

4. 等到肉片炒至熟透后，放入盐及黑胡椒调味。

Tips

1. 猪里脊烧肉片、蒜苗要斜切，并且大小、形状尽量相同，这样可以让食材在烹饪中熟的时间差不多。

2. 购买的蒜苗比较多时，先冲洗干净并晒干，然后将蒜苗切成段，放入一格一格的冰块盒，至冰箱冷冻室保存，约可保存 1 周。

蒜苗猪里脊便当
总糖分 6.4g

溏心蛋 0.6g

蒜苗猪里脊肉 2.1g

日式凉拌水莲菜 3.7g

爽口
不油腻

蒜苗炒猪里脊肉

蒜苗含有丰富的B族维生素、维生素C，以及蛋白质等营养成分，是很好的抗氧化食物，能增加身体对抗自由基的能力。蒜苗吃起来带有微微的香辣味，非常适合和猪肉一起做热炒料理，只要简单调味就能做道清爽不油腻的猪肉料理。

1人分量	总热量	糖分	膳食纤维	蛋白质	脂肪
111.3g	186.2cal	2.1g	0.7g	20.5g	9.7cal

嫩肩里脊牛肉分装保存

嫩肩里脊是性价比最高的牛肉，几乎能满足所有料理的需求。一整块的嫩肩里脊，有肥肉、有筋，也有瘦肉，在料理的用途上非常广泛，可切块红烧、清炖，也能切丝、切片热炒，甚至能剁成肉泥做汉堡排等。

分 装 保 存

将嫩肩里脊牛肉切成料理需要的适当大小，并在保鲜袋上标注名称、重量、日期，处理好之后挤出袋内空气，放入冰箱冷冻保存。因为肉品跟空气接触的面积越广越不耐保存，建议等到要烹煮时再做切片、切丝或肉泥的处理。

·2 周 ~3 周冷冻保存。
·自然解冻或放置冷藏室解冻。

美 味 关 键

嫩肩里脊牛肉有肥、有瘦、有筋，若是要拿来做炖煮料理，只要切块就能直接烹饪，这样可以吃到 Q 弹又软嫩的带筋牛肉。

无骨牛小排火锅肉片分装保存

无骨牛小排火锅肉片，堪称卖场中的明星商品。牛小排不仅兼具口感与香味，拿来炖煮、热炒、干煎都很适合，更因为肉质香嫩多汁，直接气炸、烧烤也非常好吃。

分装保存

因为无骨牛小排火锅肉片一整包的分量非常多，建议买回家后依照需求的分量分装，在保鲜袋上标注名称、日期、重量，并挤出袋内空气，然后平整地放入冰箱冷冻保存，料理前一晚再拿到冷藏室低温解冻。

· 2 周 ~3 周冷冻保存。
· 自然解冻或放置冷藏室解冻。

美味关键

如果想要让牛肉片吃起来更加软嫩，很多人会在腌制时放太白粉或地瓜粉，其实也可以加入一点点的蛋白，这样肉片吃起来会更加美味。

牛排分为 Prime（极佳级）和 Choice（特选级），在料理上只要简单调味，再加以炙烧、烘烤或干煎，就能吃到牛肉本身的味道。在购买上，极佳级牛排推荐肉质软嫩、紧实多汁的菲力牛排；特选级牛排则推荐脂肪含量较高、肉质 Q 嫩并富有嚼劲的沙朗牛排。

分装保存

将牛肉从包装袋取出后，建议一块一块稍微有间隔（避免重叠）地放入保鲜袋内，在袋上标注食材名称、重量、日期，记得将袋内的空气挤出，平整地放入冰箱冷冻保存，料理前一晚移至冷藏室进行解冻。

· 2 周 ~3 周冷冻保存。
· 自然解冻或放置冷藏室解冻。

美味关键

1. 牛排在回温后，表面会有些许血水，可以先用厨房餐巾纸擦干，再撒入海盐以及现磨的黑胡椒粒，简单的调味更能带出牛排的鲜甜。

2. 如果手边没有温度计的话，可以用自己的左手手指按压右手大拇指下的虎口肌肉，以此感觉来判断牛排大概的熟度。

| 一分熟 | 三分熟 | 五分熟 | 七分熟 | 全熟 |

Q 嫩 多汁 带甜

牛肉便当

气炸蒜片牛排

牛肉富含蛋白，适合成长中的孩童，以及有增肌需求的人。菲力牛排肉质极嫩，吃起来鲜甜多汁，适合的熟度是三分到五分熟，只要调味以及烹饪技巧掌握得宜，在家也能煎出媲美高级餐厅的牛排料理。

1人分量	总热量	糖分	膳食纤维	蛋白质	脂肪
106.8g	202.3cal	1.4g	0.3g	21.0g	11.9cal

准备材料（z 人份）

菲力牛排 200g
蒜头 10g
海盐 0.5g
黑胡椒 0.5g
橄榄油 2.5ml

料理方式

1. 将菲力牛排从冷冻室取出放至回温后，用餐巾纸把表面血水擦干净，在牛排的两面撒上海盐和黑胡椒，静置约 5 分钟，接着均匀涂抹上薄薄的一层橄榄油。

2. 铁锅用中火烧热后，将已抹油的牛排下锅煎，当牛排表层开始出水时（约煎 3 分钟），再将牛排翻面，继续煎约 2 分钟。

3. 用料理夹夹住牛排，将牛排的四个侧面都煎至表面无血色，再移至餐盘静置约 2 分钟。

4. 等牛排静置完成，在铁锅中倒入适量橄榄油后再放入牛排，正反面各自再煎约 1 分钟，这样可以让牛排表皮更加酥脆。

蒜片料理

1. 先将蒜头切薄片约 0.1cm，浸泡在盐水里约 3 分钟。

2. 接着将蒜片取出后，用餐巾纸把水分擦干，并均匀抹油。

3. 放入空气炸锅，以 200°C烘烤约 4 分钟。

牛肉便当

Tips

1. 如果是冷冻牛排，请在料理前一天移至冷藏室解冻，在烹饪前半小时拿出来回温，才能避免在料理过程中，表面已经煎焦，里面的肉还是冷冻的情形。

2. 刚煎好的牛排需静置一段时间，可锁住肉汁的精华，切开才不会有血水渗出。

3. 由于奶油不耐高温，太早放容易变焦黑，而影响牛肉的鲜味。如果希望牛排吃起来带有奶油香气，请等牛排静置完成后，第二次回煎时，在铁锅内放奶油，再煎牛排，这样既可以保留奶油的香气，也能提升牛肉的鲜味。

4. 牛排由较瘦的部分往肥的方向横切，吃起来会更加美味。

蒜片牛排便当
总糖分 5.6g

生菜 0.5g

蒜味牛排 1.4g

油烤西红柿 3.7g

小西红柿 60g（做法同油烤西红柿杪瓜）、生菜 60g

牛肉便当

嫩肩里脊牛肉 300g   姜 4g
胡萝卜 100g   盐 1g
白萝卜 400g   黑胡椒 1g
洋葱 150g   米酒 5ml
青葱 10g   水 500ml

料理方式

1. 将嫩肩里脊牛肉、胡萝卜、白萝卜切块，
   姜切片，洋葱切丁备用。

2. 将嫩肩里脊牛肉放入滚水中，汆烫至表面
   无血色后捞起。

3. 将牛肉和所有食材(盐除外)放置铸铁锅内。

4. 盖锅盖时，留下约 1cm 的小缝隙，以免汤
   汁在加热过程中喷出锅外。小火炖约 50 分
   钟。熄火后，再焖 20 分钟。

5. 等牛肉差不多入口即化的时候，就可以撒
   上盐调味。

Tips

1. 牛肉汆烫后的脏水不可再利用。
2. 嫩肩里脊牛肉带筋带油直接炖，非常 Q 弹好吃。
3. 水会在煮沸过程中蒸发，所以一开始就要加满水，中间不需再额外加水。

鲜蔬炖牛肉便当
总糖分 29.9g

秋葵炒蛋 2.5g

葱烧豆腐 11.5g

鲜蔬炖牛肉 15.9g

清甜
不油腻

嫩肩里脊炖蔬菜

这道鲜蔬炖牛肉里面加入洋葱、姜、青葱、胡萝卜、白萝卜等蔬菜，不仅有丰富的膳食纤维和维生素，更有别于一般红烧的浓厚口味，以清爽为主，牛肉吃起来非常清甜，更有满满的饱足感。

1人分量	总热量	糖分	膳食纤维	蛋白质	脂肪
183.9g	152.1cal	15.9g	3.1g	9.5g	4.7cal

咸咸甜甜
好开胃

四季豆炒牛肉

四季豆含有丰富的膳食纤维，适量摄取可增进肠胃蠕动，改善便秘。很多人觉得四季豆吃起来有股草味，其实可以通过横切的手法和酱汁的调味，使其容易熟透，并达到去除草味的效果，保留清脆的口感。运用沙茶酱的咸香，在家也能做出咸淡适中、清爽好吃的四季豆炒牛肉。

1人分量	总热量	糖分	膳食纤维	蛋白质	脂肪
143.3g	292.6cal	4.5g	1.7g	15.1g	22.7cal

准备材料（2人份）

无骨牛小排火锅肉片 150g　　沙茶酱 10ml
四季豆 100g　　　　　　　　酱油 10ml
蒜头 10g　　　　　　　　　　米酒 2.5ml
葱花 3g　　　　　　　　　　食用油 2ml

料理方式

1. 先将四季豆斜切段、蒜头切末备用。

2. 取一器皿，将无骨牛小排火锅肉片、沙茶酱、酱油、
   米酒、蒜末搅拌均匀，腌制约 20 分钟。

3. 在不粘炒锅内加入食用油，放入牛肉片拌炒至五
   分熟后，将牛肉夹盛出来放置一旁。

4. 不用洗锅，直接放入四季豆，拌炒至香味出来。

5. 最后再把牛肉倒入锅中一起拌炒，盛盘，撒上葱
   花即完成。

牛肉便当

Tips

牛肉先夹出锅，后再与四季豆拌炒，不会使料理时间较长，又可保留牛肉的软嫩、四
季豆的清脆。

四季豆炒牛肉便当
总糖分 9.6g

四季豆炒牛肉 4.5g

西红柿炒蛋 5.1g

牛肉便当

准备材料（2人份）

无骨牛小排火锅肉片 100g   盐 1g
金针菇 80g   黑胡椒 1ml
蒜头 3g   米酒 1ml
咖喱粉 7.5g

料理方式

1. 将金针菇清洗切段,长度略比牛肉片宽度长;蒜头切末备用。

2. 取一器皿,将无骨牛小排火锅肉片、蒜末、盐、咖喱粉、黑胡椒、米酒搅拌均匀,腌制约 20 分钟。

3. 将金针菇平整摆放在腌制好的肉片上,再慢慢把肉片卷起来。

4. 将肉卷放入空气炸锅中,不用喷油,以 200℃烤 6 分钟。

Tips

1. 无骨牛小排火锅肉片含有丰富油脂,气炸时不需喷油。
2. 清洗金针菇时,有个妙招可以避免金针菇从包装里拿出来时因为散落而不好洗。先连同包装一起切除金针菇的根部,此时包装纸先不用拆开,直接用流动水冲洗,方便又快捷。

咖喱牛肉卷便当
总糖分 19.8g

油烤西红柿栉瓜 5.2g

咖喱牛肉卷 3.4g

椒盐豆腐 11.2g

口口
咖喱香

咖喱蘑菇佐牛肉

金针菇的水溶性纤维高，可以降低胆固醇，热量也低。只要洗干净切一切，用牛肉片包裹起来，不仅可以保持其多汁的口感，也可适度中和牛肉的咸度，让整道料理吃起来清爽又美味。

1人分量	总热量	糖分	膳食纤维	蛋白质	脂肪
96.8g	180.0cal	3.4g	2.4g	10.3g	12.7cal

清脆
又爽口

蚝油芥蓝炒牛肉

芥蓝菜钙含量高，富含脂溶性的维生素，是一种营养价值极高的蔬菜。芥蓝菜吃起来是苦的，但料理时如果加米酒拌炒，会大大降低苦味，通过蚝油的调味，更能带出牛肉的鲜甜，以及青菜的清脆口感。

1人分量	总热量	糖分	膳食纤维	蛋白质	脂肪
50.0g	269.4cal	4.3g	1.9g	15.1g	20.3cal

牛肉
便当

准备材料（2人份）

无骨牛小排火锅肉片 150g　　蚝油 12.5ml
芥蓝菜 175g　　　　　　　香油 3ml
蒜头 10g　　　　　　　　　米酒 1ml
姜 3g　　　　　　　　　　　食用油 1ml

料理方式

1. 将芥蓝菜切段，蒜头切片、姜切末备用。

2. 取一器皿，放入蚝油、香油与无骨牛小排火锅肉
   片腌制约 10 分钟。

3. 在不粘炒锅中加入食用油，将蒜片和姜末炒至有
   香气后，加入腌制好的肉片炒至八分熟。

4. 接着再倒入米酒以及芥蓝菜，拌炒至熟透。

Tips

1. 炒芥蓝菜时可放米酒去除苦味。
2. 在挑芥蓝菜时可选茎比较细或者有较多叶子与嫩茎的部分，这样的芥蓝菜比较鲜
   嫩，适合热炒。

芥蓝牛肉便当：
总糖分 15.5g

椒盐豆腐 11.2g

芥蓝牛肉 4.3g

超滑嫩
美味

私家牛肉炒蛋

鸡蛋除了含有人体所需要的氨基酸，同时能很好地补充蛋白质，非常适合搭配牛肉一起拌炒。一般传统的牛肉炒蛋会用太白粉勾芡，让鸡蛋吃起来更顺滑。这道菜未用太白粉勾芡，不仅热量低，而且口感一样美味。

1人分量	总热量	糖分	膳食纤维	蛋白质	脂肪
164.7g	380.6cal	1.8g	0.2g	24.9g	29.8cal

牛肉便当

准备材料（2人份）

无骨牛小排火锅肉片 200g　　白胡椒粉 1g
鸡蛋 120g（2颗）　　　　　酱油 4ml
蒜末 1g　　　　　　　　　　米酒 2ml
葱花（依喜好添加）　　　　　食用油 1ml

料理方式

1. 取一器皿，放入无骨牛小排火锅肉片、酱油、蛋白（约1/2颗）、白胡椒粉、蒜末、米酒腌制约10分钟。

2. 在不粘炒锅内放入食用油，把牛肉片拌炒至五分熟，盛出，放置一旁。

3. 这时候不需要洗锅，直接放入蛋汁（剩下的鸡蛋液）拌炒一下。

4. 接着倒入五分熟的牛肉稍微搅拌后熄火。

5. 起锅前撒上葱花即完成。

在料理牛肉片时，为了让肉片吃起来更软嫩，可以加入蛋白一起腌制。

牛肉炒蛋便当
总糖分 7.1 g

凉拌芦笋 5.3 g

牛肉炒蛋 1.8 g

芦笋 100g、蒜末 5g、盐 1g、香油 0.5ml，
做法同凉拌四季豆。

青辣椒炒肉

Cook More

· 准备材料（2人份）

无骨牛小排火锅肉片 150g	葱花 3g
青辣椒 5g	砂糖 2g
姜末 3g	蚝油 5ml
酱油 10ml	米酒 5ml
食用油 1ml	香油 1ml

· 料理方式

热锅下油后，把牛肉炒至七分熟盛出备用。将青辣椒（切段）、姜末和葱花放入锅中煸炒出香气，倒入调好的酱汁（酱油、蚝油、米酒、砂糖）以及牛肉片拌炒至熟透，淋上香油即完成。

1人分量 92.5g ┃ 总热量 234.6cal ┃ 糖分 2.7g ┃ 膳食纤维 0.1g ┃ 蛋白质 13.5g ┃ 脂肪 19.0cal

多彩
浓郁奶香

牛肉
便当

甜椒炒牛肉佐奶油

铁板牛柳的食材，除了牛肉以外，还少不了洋葱以及甜椒。色彩缤纷的甜椒不仅可配色，而且含丰富的维生素 C 以及 β - 胡萝卜素等抗氧化物。食用其可增强抵抗力。此外，料理铁板牛柳时也需要掌握"快炒"的技巧，让锅气能保留住。

1人分量	总热量	糖分	膳食纤维	蛋白质	脂肪
131.0g	194.0cal	19.4g	4.1g	11.2g	6.8cal

牛肉便当

嫩肩里脊牛肉 120g　　　蒜头 5g
洋葱 65g　　　　　　　　无盐奶油 3g
甜椒 100g　　　　　　　　蚝油 10ml
蟹味菇 80g　　　　　　　米酒 2.5ml
青葱 5g　　　　　　　　　食用油 2.5ml

料理方式

1. 先将嫩肩里脊、甜椒切成条状；蟹味菇剥开、洋葱切丝、蒜头切末、葱切段备用。

2. 取一不粘锅倒入食用油，放入嫩肩里脊肉，直接拌炒至八分熟后盛出备用。

3. 将蒜末、葱段、蟹味菇放入锅中一起拌炒至熟透。

4. 接着将已经炒至八分熟的牛肉片和甜椒倒入锅中，并加入蚝油、米酒拌炒后先盛出。

5. 取一铁锅，放入无盐奶油和洋葱，炒至熟透。

6. 最后把所有食材放在已经炒熟的洋葱上，即可装盘上菜。

Tips

1. 铁板牛柳的锅气、香气来自奶油。佐料中的酱油有咸味，建议选择无盐奶油。
2. 热炒时，为了让每个食材的熟成时间差不多，建议将洋葱、甜椒、蟹味菇，切成大小、长度、厚度都差不多的条状。

铁板牛柳便当
总糖分 27.6g

玉米炒蛋 8.2g

铁板牛柳 19.4g

日式酒香骰子牛

Cook More

· 准备材料（2 人份）

牛排 200g　　　　　　盐 0.5g
黑胡椒 0.5g　　　　　 日式酱油 2.5ml
味醂 1ml　　　　　　 威士忌 1ml
食用油 2.5ml

· 料理方式

用餐巾纸擦干牛排表面水分后，两面都撒上盐和黑胡椒，放入锅中煎至表面上色，接着静置 2 分钟后切成骰子大小。最后将牛肉块放回锅中，倒入日式酱油、味醂和威士忌，拌炒至喜欢的熟度，撒上葱花即完成。

1 人分量 104.0g｜总热量 199.7cal｜糖分 0.7g｜膳食纤维 0.1g｜蛋白质 20.8g｜脂肪 11.9cal

牛肉便当

无骨牛小排火锅肉片 200g
油条 1 条约 60g
葱 15g
烧肉酱 20ml

料理方式

1. 先将油条切块、葱切段备用。

2. 将油条放入空气炸锅，以 200℃烘烤 4 分钟。

3. 取一器皿，加入无骨牛小排火锅肉片与烧肉酱一起腌约 20 分钟。

4. 在不粘炒锅中放入已经腌制好的牛肉，并把肉片炒至全熟。

5. 接着放入气炸过的油条和葱段，稍微搅拌就可起锅上桌。

Tips

1. 烧肉酱已有咸度，腌制过程中不需要额外加酱油、米酒、香油等佐料。
2. 油条也可以用无调味的三角玉米片、虾饼等吃起来酥脆的食材取代。

油条炒牛肉便当
总糖分 13.1g

油条炒牛肉 9.4g

日式凉拌水莲菜 3.7g

酥脆油条炒牛肉

油条炒牛肉是热炒店人气料理。利用空气炸锅烘烤的方式，把油条多余的油逼出，再拌入炒熟的牛肉，不仅可保留油条的酥脆，更能降低油腻。在最后起锅前撒上葱段，牛肉吃起来还多了葱油香气。

1人分量	总热量	糖分	膳食纤维	蛋白质	脂肪
81.7g	315.3cal	9.4g	0.5g	13.9g	24.1cal

微呛不辣

盐味葱肉卷

青葱不论是葱白或葱叶都含有丰富的钙、维生素 C、β-胡萝卜素、膳食纤维等营养素。在制作盐味葱肉卷时，千万不要把葱叶丢掉，可以一起包在肉卷内，不仅可将营养全部吃进肚子里，而且能吃到不同层次的味道。

1人分量	总热量	糖分	膳食纤维	蛋白质	脂肪
108.9g	232.6cal	1.9g	1.0g	13.6g	18.1cal

牛肉便当

准备材料（**2** 人份）

无骨牛小排火锅肉片 150g 盐 1.5g
蒜头 10g   米酒 1ml
青葱 55g   七味粉（依喜好添加）

料理方式

1. 将青葱切段，长度略比肉片宽度长；蒜头切末备用。

2. 取一器皿，加入无骨牛小排火锅肉片、蒜末、米酒以及盐，腌制约 15 分钟。

3. 将葱白和葱叶平铺在肉片上，把肉片慢慢卷起来。

4. 将葱肉卷放入空气炸锅后，不需喷油，以 180℃烤 4 分钟，并依个人喜好撒上七味粉。

Tips

在卷葱肉卷时要尽量卷紧，摆进空气炸锅时，记得要把葱肉卷的接缝处朝下放置，这样可以避免料理过程中肉和葱分离。

青葱肉卷便当
总糖分 9.8g

玉子烧 3.2g

烤甜椒 4.7g

青葱肉卷 1.9g

牛肉便当

无骨牛小排火锅肉片 200g
泡菜 150g
苹果 70g
香油 0.5ml

料理方式

1. 先将苹果去皮切丁（厚度约 0.1cm）备用。

2. 在不粘锅中放入牛小排火锅肉片，不需放油，
   炒至八分熟后盛出。

3. 将泡菜和苹果丁一起放入锅中，炒至泡菜
   有点儿变软的程度，洒上香油就可上桌。

Tips

1. 苹果可取代在料理过程中所需要添加的砂糖，如果没有苹果也可以用丰水梨。
2. 因为食材本身已含有丰富的油脂，如果使用不粘锅无须额外放油或只放一点点油，
   不粘锅的导热均匀，可让食物在加热的过程中产生油脂。
3. 如果觉得单吃苹果泡菜炒牛肉会太辣的话，也可加上蒜片一起包进结球莴苣，或者
   与萝蔓莴苣一起食用，会更美味哦！

韩式泡菜牛肉便当
总糖分 13.1g

韩式泡菜牛肉 4.4g

日式凉拌柴鱼豆腐 8.7g

清甜
不油腻

苹果泡菜炒牛肉

喜欢韩式泡菜的朋友，绝对不能错过这道苹果泡菜炒牛肉。在辛辣的泡菜中加入集低卡、高钾、高膳食纤维于一身的苹果，除了可以增添果香，也能让泡菜的辣度略微降低，非常适合炎热夏天时享用。

1人分量	总热量	糖分	膳食纤维	蛋白质	脂肪
136.8g	224.1cal	4.4g	1.8g	12.5g	16.4cal

弹嫩多汁
饱足

手打起司汉堡排

美味的汉堡排看似做法简单，但很容易吃起来太干，或者是调味过重，少了肉的香气。在选择制作汉堡肉时，建议放入少许略带油脂的五花肉，以及热量极低的豆腐，这样不仅可以增添多汁的口感，更富饱足感。

1人分量	总热量	糖分	膳食纤维	蛋白质	脂肪
324.0g	799.4cal	9.1g	2.2g	38.4g	65.9cal

准备材料（2 人份）

五花肉片 300g
无骨牛小排火锅肉片 300g
洋葱 30g
胡萝卜 20g
豆腐 300g

起司片 1 片（装饰用）
无盐奶油 3g
黑胡椒 1g
盐 2g
食用油 1ml

料理方式

1. 将五花肉片、无骨牛小排火锅肉片剁碎，洋葱和胡萝卜切丁备用。

2. 取一器皿，放入所有食材（起司片和奶油除外）搅拌均匀，再稍微摔打，可增加肉的黏性，吃起来也更有弹性。

3. 将汉堡肉捏成圆饼状后，不需加油，直接放入平底锅煎熟，最后加入无盐奶油增加香味。

4. 起锅后，放上起司片装饰即完成。

Tips

1. 汉堡排的肉要尽量选带有油脂的部分，五花肉片和无骨牛小排火锅肉片两者搭配很适合，建议混合的比例为 1：1。

2. 判断汉堡排是否已熟，可用筷子刺穿肉的最厚处，如可刺穿则已熟透。请勿切开汉堡排，因为这样会让肉汁流失。

3. 煎汉堡排时，不需要频繁翻面，等一面煎至金黄色后再翻面继续煎。

起司汉堡排便当
总糖分 19.7g

日式腌萝卜 6.9g

日式凉拌水莲菜 3.7g

起司汉堡排 9.1g

土鸡腿切块分装保存

土鸡腿是整只鸡里肉质最滑嫩的部分，口感非常有弹性，适合炖汤、干煎或者是烧烤等料理方式，是一定要买的人气商品。

分装保存

回家后务必先将鸡腿肉都切成一块一块的，依照食用所需量分装，并在保鲜袋上标记食材名称、重量、日期，放进冰箱冷冻保存。料理前一晚移至冷藏室解冻。

· 2 周~3 周冷冻保存。
· 自然解冻或放置冷藏室解冻。

美味关键

1. 在料理鸡腿块前，先把鸡腿块放入冷水中，开中火煮到微滚冒泡，这样可以有效地清除骨头中的杂质和血水。若是直接在滚水中氽烫的话，则会因高温导致蛋白质凝固，骨头内的血水也会排不干净。

2. 再将鸡腿块用香料和佐料拌匀后，放入冰箱冷藏腌制入味，料理时直接香煎或烘烤都很省时省力。

肉

去骨鸡腿排因为已经去骨，所以在料理时更加方便，是人气必买商品。去骨鸡腿排吃起来软嫩，适合干煎、气炸、热炒，就是直接卤也好吃。

分 装 保 存

①分装保存

买回家后，剪开成 6 小包的真空包装，不要整组直接放进冷冻库，因为外包装难免会有水分残留，之后从冷冻室取出很容易黏在一起。在小袋上标注重量、日期，料理时再移至冷藏室低温解冻，非常方便。

②适量分装

将鸡腿排装进密封袋或保鲜盒里，放入料理所需的食材腌制备用，并标记名称、重量、日期，放入冰箱冷冻保存 2 周 ~3 周、冷藏 2 天 ~3 天。

· 2 周 ~3 周冷冻保存。
· 自然解冻或放置冷藏室解冻。

美 味 关 键

使用不粘锅煎鸡排时，先把鸡皮朝下且不要急着翻面，等到鸡皮煎至金黄酥脆状，可以轻松地在锅内滑动后再翻面煎至全熟。在干煎的过程中，用铲子轻压鸡腿排，使其表面受热均匀，这样煎出来的鸡排才会美观。

鸡胸肉分装保存

鸡胸肉高蛋白、低脂肪，吃起来鲜嫩多汁、清爽不柴，是许多减脂增肌族的必选食物。只要简单地调味，再干煎、水煮、热炒或者气炸，鸡胸肉就可以很美味。

分 装 保 存

鸡胸肉买回家后，只需要把一包一包的真空包装剪开，并在袋上标记重量、日期，放入冰箱冷冻保存，料理的前一晚再移至冷藏室解冻即可。

· 2 周 ~3 周冷冻保存。
· 自然解冻或放置冷藏室解冻。

美 味 关 键

1. 料理前一晚可将鸡胸肉和天然的辛香料一起腌制，放进冰箱冷藏，不仅可去腥味还能提味。

2. 使用不粘锅干煎鸡胸肉时，要记得把鸡胸肉双面都煎熟后再放辛香料，这样可以避免鸡胸肉在干煎时，因加热时间过久导致香料变苦、变焦，而抢走鸡肉本身的风味。

香甜多汁
超丰富

鸡肉
便当

洋葱烤鸡腿佐西红柿

很多人不敢吃洋葱，是因为不喜欢生吃时的辛辣口感，其实只要煮熟，洋葱吃起来就会变成甜的。洋葱的膳食纤维丰富、热量低，又可以抗氧化，是很好的减脂食材。只要在鸡腿肉表面撒上盐和现磨黑胡椒粒，最后将所有食材一起放入烤箱，就能做出美味又多汁的洋葱烤鸡腿。

1人分量	总热量	糖分	膳食纤维	蛋白质	脂肪
102.5g	169.6cal	18.5g	3.2g	14.5g	3.0cal

土鸡腿切块 450g（1只）　　蒜头 2g
西红柿 120g（2个）　　　　盐 2.5g
玉米笋 40g　　　　　　　黑胡椒 2.5g
洋葱 200g（1个）　　　　橄榄油 1.5ml
胡萝卜（装饰用）　　　　柠檬适量

料理方式

1. 先将洋葱、西红柿切片（约1cm 厚度），
   玉米笋切段（2cm~3cm 长），蒜头切末。

2. 将步骤 1 所有的食材表面抹上一层薄薄的
   食用油后，平铺在烤皿的底层。

3. 把土鸡腿切块，直接放于上述食材上，撒上
   盐和黑胡椒。

4. 将烤皿直接放进烤箱，以上下火各 230℃ 烤
   60 分钟。如果你使用的烤箱没有上下火的
   话，也可以直接用 230℃ 烤 60 分钟。

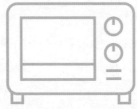

Tips

1. 在制作烤鸡料理的时候，可以在底层铺上自己喜欢的蔬菜，因为在烘烤的过程中，
   鸡肉会产生非常多的鸡油，蔬菜因多了鸡油的香气，吃起来更加鲜甜美味。
2. 食用前可以挤上新鲜柠檬汁，鸡肉吃起来会甜咸，很清爽。
3. 胡萝卜切成想要的形状，煮熟后随机摆放，让食物品相更美观。

洋葱烤鸡腿便当
总糖分 20.9g

起司蛋卷 2.4g

洋葱烤鸡腿佐西红柿
18.5g

柚香烤鸡腿

Cook More

· 准备材料（2 人份）

土鸡腿切块 450g   蒜头 2g
盐 2.5g   黑胡椒 2g
食用油 1.5ml   清酒 2ml
柚子酱 10ml   水 5ml

· 料理方式

鸡腿和蒜泥、盐、清酒、黑胡椒拌匀后，放入冰箱冷藏腌制约 2 小时。
在烤盘上铺上烘焙纸，并在腌制过的鸡腿表面抹油，放进烤箱以 230℃
烤 55 分钟。取出鸡腿后，将柚子酱加水搅拌均匀涂抹在鸡皮上，再放
进烤箱以 230℃烤 5 分钟～10 分钟，至表皮呈现金黄色即可。

1 人分量 237.5g｜总热量 323.4cal｜糖分 5.3g｜膳食纤维 0.3g｜蛋白质
49.0g｜脂肪 10.0cal

鸡肉便当

准备材料（2人份）

土鸡腿切块 450g（1只）　　砂糖 5g
老姜 3g　　　　　　　　　麻油 2ml
蒜头 10g　　　　　　　　　酱油 20ml
青葱 10g　　　　　　　　　米酒 10ml
罗勒叶 3g　　　　　　　　　食用油 1ml

料理方式

1. 将姜和蒜头切片、青葱切段，并把罗勒叶的叶子部分摘下洗净晾干备用。

2. 以不粘锅干煎鸡腿，料理时可以将鸡皮朝下，不需加油或者只放些许油。若使用一般炒锅，请在锅内放入适量的食用油，再干煎鸡腿，以避免发生粘黏。

3. 鸡皮表面煎至金黄色时，直接用鸡油将姜片、蒜片和小葱炒出香味，再加入酱油、米酒、砂糖，继续煮至鸡腿熟透，待酱汁收干呈现黏稠焦香色关火。

4. 起锅前，放入罗勒叶和些许麻油提味。

Tips

麻油是不耐高温的油，所以使用麻油爆香的话，油容易变质且变苦，建议使用耐高温的食用油爆香姜片，等姜的香气出来后，再放入麻油将姜片煎至干扁状，或者也可等起锅前再加入麻油。

酱烧三杯鸡便当
总糖分 15.2g

胡麻酱佐秋葵 4.1g

酱烧三杯鸡 5.3g

酱烧蘑菇 5.8g

油亮
清香入味

塔香酱烧鸡

传统的三杯鸡是麻油一杯、酱油一杯、米酒一杯。虽然黑麻油的营养价值很高，适合在冬季进补，但其热量也相当惊人。这道料理改以酱油、米酒、砂糖和少许的麻油做最后的调味，不仅热量低了很多，吃起来也更加清爽、不油腻。

1人分量	总热量	糖分	膳食纤维	蛋白质	脂肪
257.0g	436.7cal	5.3g	0.4g	38.5g	27.0cal

辣咸
超有味

炖煮剥皮辣椒鸡

带点微微辣度的剥皮辣椒拿来炖汤，或者直接热炒都很适合。超市卖的剥皮辣椒都调味过，本身已有咸度，可加入富有膳食纤维、营养丰富的胡萝卜一起炖，这样不仅有助于稳定血糖，而且可借此增添整道料理的甜味。

1人分量	总热量	糖分	膳食纤维	蛋白质	脂肪
474.0g	352.2cal	5.1g	1.7g	50.1g	9.3cal

准备材料（2 人份）

土鸡腿切块 450g（1 只）　　剥皮辣椒酱汁 120ml
剥皮辣椒适量　　　　　　　　米酒 10ml
胡萝卜 125g　　　　　　　　水 240ml
姜 3g

料理方式

1. 将姜切片、胡萝卜去皮切块备用。

2. 先把土鸡腿切块放入冷水中，开中火煮到微滚冒泡后，把汆烫过后的土鸡腿切块捞起。

3. 取一铸铁锅，放入土鸡腿切块、姜片、剥皮辣椒酱汁、胡萝卜和米酒，加水盖过食材。盖上锅盖，并在锅盖跟锅缘中间留约 1cm 的小缝隙，用小火焖 15 分钟 ~20 分钟。

4. 将剥皮辣椒放入锅中，盖上锅盖，炖约 5 分钟即完成。

鸡肉便当

Tips

可以将剥皮辣椒分两次放入，随着鸡肉一起煮的剥皮辣椒吃起来会比较软，若喜欢吃较脆的，则建议最后放剥皮辣椒。

剥皮辣椒鸡腿便当
总糖分 13.6g

凉拌芦笋 5.3g

剥皮辣椒鸡 5.1g

玉子烧 3.2g

鸡肉便当

准备材料（1 人份）

鸡胸肉 200g   米酒 1ml
蒜末 2g   食用油 2ml
黑胡椒 0.5g
盐 0.5g

料理方式

1. 将黑胡椒、盐、蒜末、米酒与鸡胸肉一起抓匀腌制 30 分钟。

2. 将鸡胸肉的表面均匀抹上食用油，接着放入空气炸锅中，以 200℃烤 10 分钟进行第一次气炸。

3. 再把鸡胸肉翻面，以 200℃烤 10 分钟进行第二次气炸。

Tips

1. 因为鸡胸肉的油脂较少，所以在料理时，建议在鸡胸肉上涂抹或喷上些许食用油，避免气炸后粘黏炸篮。

2. 因为鸡胸肉的脂肪较少，烹饪后很容易变硬及干柴，可以在腌制时另外加些酸奶或者凤梨泥、柠檬汁这类富有酸味的水果，这样吃起来肉会更加软嫩。

椒盐鸡胸肉便当
总糖分 11.7g

椒盐鸡胸肉 0.7g

日式腌萝卜 6.9g

四季豆炒蛋 4.1g

黑胡椒蒜香鸡胸肉

这道黑胡椒蒜香鸡胸肉的食材与做法均非常简单，只要用腌料把鸡胸肉腌制好，就可以放入空气炸锅中气炸，之后便可快速上桌。这道料理低脂肪又有饱足感，是减糖的极佳食物。

1人分量	总热量	糖分	膳食纤维	蛋白质	脂肪
206.0g	231.1cal	0.7g	0.2g	45.0g	3.8ca

咸咸甜甜
好回甘

气炸味噌鸡腿排

味噌的香气浓郁，富含蛋白质和大豆异黄酮，是极具营养的调味食材，平时拿来煮汤或者做肉类料理都很好吃。味噌料理若要好吃，一定要加味醂提味，这样的调味方式除了有咸味，更多了回甘的甜味。

1人分量	总热量	糖分	膳食纤维	蛋白质	脂肪
151.7g	262.5cal	2.1g	0.2g	24.3g	16.4cal

准备材料（3 人份）

去骨鸡腿排 430g（一包约 3 片）
味噌 10g
米酒 5ml
日式酱油 5ml
味醂 5ml

料理方式

1. 取一器皿，放入鸡腿排、味噌、米酒、日式酱油、味醂，一起腌制约 30 分钟。

2. 在空气炸烤箱的烤盘上铺上一层烘焙纸，将腌制后的鸡腿排放上去（鸡皮面朝下，不需抹油），以 200℃烘烤 10 分钟进行第一次气炸。

3. 再将鸡腿排翻面，以 230℃烤 2~4 分钟进行第二次气炸。

Tips

1. 在使用空气炸烤箱料理时，建议在烤盘上铺一层烘焙纸，不仅可以避免气炸过程中鸡肉粘连在烤盘上，也可以把鸡皮中的精华鸡油逼出。

2. 腌制过的鸡腿排在放入空气炸烤箱之前，酱料要涂抹均匀，这样在气炸过程中，可以避免某个部位因酱料太多而导致焦黑。

日式味噌鸡腿排便当
总糖分 9.9g

味噌鸡腿排 2.1g

椒盐四季豆 4.4g

胡萝卜蛋卷 3.4g

鸡肉便当

准备材料（3 人份）

去骨鸡腿排 430g（一包约 3 片）
鸡蛋 60g（1 颗）
炸鸡粉 50g
新鲜柠檬适量
食用油 1ml

料理方式

1. 将鸡蛋、切块的去骨鸡腿排、食用油与炸鸡粉一起放入保鲜盒中搅拌均匀，腌制约 30 分钟。

2. 把腌制好的鸡腿排鸡皮面朝下放入空气炸烤箱，以 180℃烤 10 分钟进行第一次气炸。

3. 再将鸡腿排翻面，以 200℃烤 4 分钟进行第二次气炸。

4. 食用时，可在鸡块上挤上新鲜柠檬，增添清爽口感，又能解腻。

Tips

1. 由于鸡腿排本身已经带有油脂，气炸前只需要在表面稍微抹油，避免粘连即可。
2. 如果使用空气炸锅料理柠香日式唐扬，腌制过程中不用再加水，因为酱汁太稀的话，粉浆就不容易包裹在鸡肉上。

日式唐扬鸡块便当
总糖分 25.4g

鸡块 11.2g

凉拌洋葱丝 7.7g

凉拌木耳 6.5g

* 凉拌洋葱丝可增加便当的丰富性，取适量即可

清爽酥脆
解脂

柠香日式唐扬鸡块

这道经典又简单的空气炸锅料理——日式唐扬鸡块，制作重点在于炸鸡粉的调配，通过炸粉比例的拿捏，搭配富含维生素C和柠檬酸的柠檬一起食用，在家就可以轻松做出清爽、解脂的日式料理。

1人分量	总热量	糖分	膳食纤维	蛋白质	脂肪
180.1g	333.1cal	11.2g	1.0g	27.6g	18.6cal

香气十足
好诱人

嫩煎鸡胸肉佐香料

蒙特利香料的主要成分是蒜头、辣椒和胡椒，吃起来带有淡淡的胡椒香、蒜香，口感微辣，非常适合拿来做肉类料理。

1人分量	总热量	糖分	膳食纤维	蛋白质	脂肪
205.0g	236.8cal	1.4g	0.0g	45.1g	4.4cal

准备材料（2人份）

鸡胸肉 200g
蒙特利粉 2.5g
橄榄油 2.5ml

料理方式

1. 平底锅中放入橄榄油，将鸡胸肉的一面煎至金黄
   色后再翻面。

2. 鸡胸肉翻面持续煎至八分熟时，撒上蒙特利粉，
   再煎至全熟即可。

Tips

1. 蒙特利粉本身的风味非常浓郁，且颗粒较大，建议在鸡肉煎熟时再撒。因为干粉的
   颗粒较大，太早撒会导致受热不均匀，鸡肉会变焦又不容易熟透。
2. 鸡柳位于鸡胸内侧、鸡软骨两侧胸肌的部位，同样具备了鸡胸肉少脂的特性，但因
   为每只鸡只有2条鸡柳，单价略高，但口感更加细致Q弹。

香草鸡肉便当
总糖分 12.7g

香草鸡肉 1.4g

金沙豆腐 6.9g

椒盐四季豆 4.4g

鸡肉便当

准备材料（3人份）

去骨鸡腿排 430g（一包约3片）　　味醂 10ml
姜 3g　　　　　　　　　　　　　日式酱油 20ml
芝麻 0.25g　　　　　　　　　　　米酒 10ml
砂糖 1g

料理方式

1. 先将姜切末，取一器皿，加入日式酱油、米酒、味醂和砂糖搅拌均匀成酱汁备用。

2. 使用不粘锅料理鸡腿排时，可以把鸡皮朝下干煎，不放油，或者只放一点点油（若是一般炒锅，请放油后将鸡皮朝下再煎）。鸡腿排干煎至鸡油出来，表面呈金黄色再翻面。

3. 等到鸡腿排的两面都呈金黄色时，加入姜末、酱汁，至汤汁收干成黏稠焦香状时，撒上白芝麻就大功告成。

Tips

如果手边没有味醂，可以改用砂糖加清酒来取代。味醂和砂糖的比例为3：1，再加3ml左右的清酒，可以依照个人口味略微调整。

照烧鸡腿便当
总糖分 7.3g

葱蛋卷 1.8g

照烧鸡腿 2.9g

香菇炒水莲菜 2.6g

焦香甜咸
不腻口

酱烧芝麻鸡腿排

甜甜咸咸的照烧酱汁，是老少咸宜的味道。上桌前撒些能降低胆固醇、富含不饱和脂肪酸的白芝麻粒，不仅看起来美观，而且能同时吃到香香的芝麻。

1人分量	总热量	糖分	膳食纤维	蛋白质	脂肪
158.1g	267.7cal	2.9g	0.0g	24.4g	16.3cal

海鲜主食便当

金目鲈鱼排、虱目鱼肚分装保存

金目鲈鱼排、虱目鱼肚肉质细致，几乎没有刺，含有丰富蛋白，香煎或煮汤都很美味，适合全家老少一起享用，是相当受欢迎的食物。

分 装 保 存

金目鲈鱼排包装内的每一块鱼排都是真空包装，虱目鱼肚一大盒约有4小包分片真空包装，不需要额外分装，买回家后可直接放进冰箱冷冻保存，或拆开包装以小袋或分片冷冻。

· 2周~3周冷冻保存。
· 自然解冻或放置冷藏室解冻。

美 味 关 键

1. 使用烤箱或空气炸锅料理时，鱼皮表面一定要喷油，这样可以形成保护层，使鱼不容易被烤焦。

2. 干煎虱目鱼肚时，可用炒菜铲轻压，这样受热会更加均匀，把鱼肚的油脂加速逼出，吃起来会更加酥脆、美味。

鲑鱼分装保存

鲑鱼吃起来鲜嫩多汁、香气浓郁，没有腥味，适合炖汤、干煎等，是非常好的蛋白质来源。

分 装 保 存

①分片包装
买回家后，把整块的鲑鱼放进保鲜袋，并在袋上标记名称、重量、日期，挤出袋内空气，平放于冰箱冷冻保存，料理前一晚移至冷藏室低温解冻。

②对切开分装
把整块鲑鱼从中间骨头处切成两半，并且顺便把中间骨头和旁边细小的刺一并剔除，这样可以让鲑鱼看起来完整美观，也更适合长辈和小孩食用，还方便料理。处理完毕后将鲑鱼装进保鲜袋，并在袋上标记名称、重量、日期，放进冰箱冷冻保存。

· 2 周 ~3 周冷冻保存。
· 自然解冻或放置冷藏室解冻。

美 味 关 键

将鲑鱼先用流动水冲洗后，用餐巾纸把表面水分擦干，并涂抹些许的盐，装进保鲜袋放置冰箱冷藏腌制至少一天。隔天直接取出放入烤箱，可减少料理的时间，也更加入味。

肉

胶质丰富
口感细腻

破布子蒸鱼

鲈鱼的鱼皮带有丰富的胶质，肉质细嫩，含有蛋白质和维生素A、B族维生素、维生素D等，特别适合大病初愈或者需要补充体力的朋友。如果你不爱煎鱼时的油烟味，或是很怕鱼下锅时会喷油，推荐这道超简单的电锅料理。只要把所有食材一次准备好，放入电锅按下按钮，就可以做出超美味的破布子蒸鱼。

1人分量	总热量	糖分	膳食纤维	蛋白质	脂肪
198.5g	240.2cal	18.4g	0.2g	25.0g	7.9cal

准备材料（1 人份）

金目鲈鱼排 125g   蒜头 2g
破布子（罐头）65g   米酒 1ml
葱 3g   酱油 1ml
辣椒 0.5g
姜 1g

料理方式

1. 先将姜切片，葱、辣椒切段，蒜头切末备用。

2. 将金目鲈鱼排的正反面抹上米酒，并把葱段放在
   鱼排上方，接着放入姜片、蒜末、辣椒、酱油，
   倒入破布子酱汁。

3. 将食材放入电锅中（并在外锅加一量米杯的水），
   蒸 10 分钟 ~15 分钟至鱼肉熟透即可。

Tips

1. 在料理过程中，可以通过米酒、蒜头、姜等食材达到去除鱼肉腥味的效果。
2. 鱼片的大小会影响蒸煮的时间，请依据鱼肉的厚度调整电锅蒸煮的时间，如果不确
   定鱼肉有没有熟，可以用筷子插进鱼肉最厚的地方，能插透就表示已经熟了。
3. 破布子罐头本身有咸度，所以建议酱油要斟酌使用。

蒸鱼便当
总糖分 31g.

气炸蔬菜 4.4g
胡萝卜 40g、栉瓜 60g
（做法同油烤西红柿栉瓜）

破布子蒸鱼 18.4g

玉米炒蛋 8.2g

鱼肉便当

鲑鱼 200g　　　　米酒 2ml
蒜末 10g　　　　食用油 1ml
新鲜迷迭香 0.5g　　盐 1g
黑胡椒 1g

料理方式

1. 取一器皿，放入鲑鱼和蒜末、盐、黑胡椒、新鲜迷迭香，以及米酒拌匀后，腌制约 30 分钟。

2. 把腌制过的鲑鱼涂抹上食用油后，放入空气炸锅中，以 180℃烤 10 分钟进行第一次气炸。

3. 鱼不用翻面，接着以 200℃烤 3 分钟进行第二次气炸，然后轻松上桌。

Tips

1. 在使用迷迭香这类香草做料理时，可先用指腹搓揉迷迭香，这样能带出其精油和香气。
2. 如果想要去除腥味，除了用米酒浸泡外，也可在鱼肉上抹盐并静置约 5 分钟，等到鱼肉出水后，用餐巾纸把表面水分擦掉，就能进行食材的调味。

香烤鲑鱼便当
总糖分 5.6g

香烤鲑鱼 3.0g

香菇炒水莲菜 2.6g

油脂丰富
好鲜甜

迷迭香烤鲑鱼排

迷迭香略带辛辣，具有独特香气，有良好的抗氧化效果，可提精神、增强心肺功能，常被用于海鲜、鸡肉、羊排等料理。只要小小的一株，就可以让食材带点淡淡的清香且不油腻。

1人分量	总热量	糖分	膳食纤维	蛋白质	脂肪
215.5g	344.5cal	3.0g	0.9g	49.5g	13.2cal

鲜嫩多汁
有柠檬香

柠香烤鲈鱼排

柠檬富含维生素C、矿物质钾，适量食用不仅可有效预防心血管疾病，也能控制血压。柠香烤鲈鱼排的做法非常简单，只需要事先把鱼肉调味好送进烤箱，在烘烤过程中完全不需翻面，吃起来鲜嫩多汁，强烈推荐给做饭新手。

1人分量	总热量	糖分	膳食纤维	蛋白质	脂肪
128.5g	157.0cal	3.4g	0.1g	22.8g	6.5cal

准备材料（1人份）

金目鲈鱼排 125g
盐 0.5g
黑胡椒 0.5g
柠檬（切片）0.5g
橄榄油 2ml

料理方式

1. 将金目鲈鱼排冲洗干净后，用厨房纸巾把表面的水分吸干。

2. 在金目鲈鱼排的两面涂抹上薄薄的一层食用油，撒入适量的盐、黑胡椒。

3. 在鱼排上放上柠檬薄片。

4. 将金目鲈鱼放在铺有烘焙纸的烤盘上，并放进烤箱，烤温上下各230℃，烘烤20分钟（如果烤箱没有上下温，可直接用230℃烤20分钟）。烧烤过程中不需翻面，轻轻松松就完成一道美味料理。

Tips

在料理烤鱼时，建议在烤盘上铺烘焙纸，避免鱼肉烤熟后粘连在烤盘上，造成鱼肉分离。

柠檬鱼便当
总糖分 7.0g

柠檬鱼 3.4g

罗勒叶蛋卷 1.5g

气炸玉米笋 2.1g
玉米笋 65g（做法同油烤西红柿栉瓜）

鱼肉便当

准备材料（1人份）

鲑鱼 200g
盐 2g
食用油 1ml

料理方式

1. 先将鲑鱼冲洗干净，用餐巾纸把表面水分吸干，再涂抹盐，放置冰箱冷藏腌制至少一天。

2. 将鲑鱼从冷藏室取出，退冰至常温，再用水稍微清洗，并擦拭干净。

3. 把鲑鱼两面都均匀抹油放进空气炸锅，以180℃烤10分钟进行第一次气炸。

4. 鱼不用翻面，接着再以200℃烤4分钟进行第二次气炸。

Tips

1. 为了避免鲑鱼太咸，建议在料理前用流动水稍微把表面多余的盐分冲掉，再用餐巾纸擦干表面水分后抹油再气炸。

2. 在气炸鲑鱼时也可加入喜欢的蔬菜，增加便当的配菜。

盐烤鲑鱼便当
总糖分 14.5g

椒盐四季豆 4.4g

盐烤鲑鱼 0g

凉拌洋葱丝 7.7g

起司蛋卷 2.4g

* 凉拌洋葱丝可增加便当的丰富性，取适量即可

咸香肉嫩
超好吃

气炸盐渍鲑鱼排

鲑鱼富含 Omega-3 脂肪酸及维生素 D，可以加快新陈代谢，为人体提供优质的蛋白质。鲑鱼本身的油脂香气非常足，只要稍微用盐腌制后再烤，就能轻松吃到带有淡淡的咸香、肉质细致的鲑鱼排。

1人分量	总热量	糖分	膳食纤维	蛋白质	脂肪
203.0g	324.6cal	0.0g	48.7g	48.7g	13.0cal

外酥内嫩
多胶质

香煎虱目鱼肚

虱目鱼是中国南部沿海地区常见的养殖鱼类，物美价廉，富含蛋白质，再加上本身多油脂，只要放入平底锅干煎，完全不需要加油或盐，就能制作表皮酥脆、肉质鲜嫩好吃的虱目鱼肚。

1人分量	总热量	糖分	膳食纤维	蛋白质	脂肪
105.5g	363.3cal	0.0g	0.0g	18.3g	31.6cal

鱼肉便当

准备材料（1人份）

虱目鱼肚 210g
食用油 1ml

料理方式

1. 剪开包装袋，将虱目鱼肚冲洗干净后，用餐巾纸
   将表面的水分吸干。

2. 使用不粘炒锅料理虱目鱼肚时，鱼皮那面先抹上
   薄薄一层油，或者不用抹油，直接放入锅内先干
   煎约 20 秒。若是使用一般的炒锅，则建议放油，
   以免鱼皮粘黏。

3. 接着翻到鱼肚那面继续煎至油脂被逼出来，并呈
   现焦香金黄色即好。

Tips

虱目鱼肚本身的油脂非常丰富，制作这道料理时可使用不粘锅。因为不粘锅传导速度
快且受热均匀，通过稳定的加热可将油脂逼出。

虱目鱼肚便当
总糖分 10.3g

日式蒸蛋 6.2g

胡麻酱佐秋葵 4.1g
* 食用时再淋上胡麻酱

香煎虱目鱼肚 0g

119

干贝分装保存

干贝是可生食的，以急速冷冻的方式锁住鲜度和甜味，只要稍微调味就会非常好吃。

分装保存

买回家后，将干贝按所需的分量一颗颗地摊平装进密封袋中，标注重量、日期，挤出袋内空气，放入冰箱冷冻保存，这样可以避免干贝冷冻后黏在一起，料理前一天移至冷藏室低温解冻。

· 2周~3周冷冻保存。
· 自然解冻或放置冷藏室解冻。

美味关键

1. 干贝解冻后请先用餐巾纸将表面水分吸干，不需泡水可保留食物本身的甜味。

2. 在干贝表面划十字状花纹后，涂抹一层淡淡的日式酱油，再用喷枪炙烧，这样可以吃到外皮略带酥脆、肉质鲜嫩、比较完整的海味。

3. 完成以上步骤后，可以用无调味的海苔包裹干贝直接吃。这种吃法常见于日料餐厅，能同时吃到海苔的酥脆，并带有一点儿酱油香气，但保留了干贝的鲜甜，非常好吃。

小管

小管蛋白质非常丰富,直接汆烫蘸佐料就非常软Q、鲜甜。

分 装 保 存

买回家后,不需要清洗以及清除内脏,请直接将整只放进保鲜袋内,以料理所需分量分装保存,并标记重量、日期,挤出袋内空气放进冰箱冷冻保存。

料理前一晚移至冷藏室低温解冻,烹煮前再把小管的头足部位切开,取出内脏后再清洗以及切块。

· ·

· 2 周 ~3 周冷冻保存。
· 自然解冻或放置冷藏室解冻。

美 味 关 键

在做三杯或照烧等酱汁料理时,要预先把小管放入滚水中汆烫 5 秒,这个动作不仅可缩短烹煮时间,保持Q嫩的口感,也能避免在做酱汁料理时出水,从而导致酱汁味道变淡。

満满海味
的鲜甜

干煎干贝佐奶油

干贝是高蛋白、低脂肪的食材，在料理方式上不需要太过繁杂，以及过多的调味。除了炙烧外，干煎也能展现干贝的特性，只要一点儿无盐奶油和柠檬，就能吃出干贝本身的鲜甜。

1人分量	总热量	糖分	膳食纤维	蛋白质	脂肪
123.0g	89.0cal	2.1g	0.0g	15.2g	2.7cal

准备材料（1 人份）

新鲜干贝 120g
无盐奶油 1.5g
柠檬适量
食用油 1ml

料理方式

1. 先以餐巾纸吸干干贝表面的水分，在铁锅中加入
   些许食用油，接着放入干贝先煎约 2 分钟，翻面
   再煎约 2 分钟。

2. 接着放入无盐奶油，并将干贝煎至焦黄，翻面再
   继续煎，两面各煎约 1 分钟。加入奶油不仅可
   以增添食用时的香气，更能让干贝表面呈现完
   美的焦糖色。

3. 可利用干煎干贝过程中流出的汤汁来炒四季豆、
   玉米笋等蔬菜。

4. 食用前，可磨柠檬皮直接撒在干贝上，不仅可以
   当作装饰，更能提味带出柠檬的香气。

Tips

1. 冷冻干贝退冰，请勿用水直接冲洗，料理前一晚放置冰箱冷藏室退冰。
2. 因为使用的是可生食的干贝，可依照自己喜欢的熟度调整烹调时间。

奶油干贝便当
总糖分 11.1g

奶油干贝 2.1g

香料烤蘑菇 5.1g

炒蔬菜 3.9g

小管便当

准备材料（1 人份）

小管 150g
明太子 12g
色拉 24g

料理方式

1. 先把明太子的外膜除去，取一器皿，将明太子和色拉充分搅拌均匀。

2. 在空气炸锅内放置烘焙纸，放入处理好的小管，不需喷油，以 160℃烤 6 分钟进行第一次气炸。

3. 在小管的表面涂抹明太子酱，以 200℃烤 4 分钟进行第二次气炸，炸至焦黄色泽即好。

Tips

1. 在料理小管前，需先用流动水清洗表面，再以餐巾纸吸干水分。
2. 明太子本身已有一定的咸度，所以在料理时不需要额外再放盐。

美味小管便当
总糖分 14.6g

明太子小管 9.8g

溏心蛋 1.1g

凉拌日式水莲菜 3.7g

微辣
奶香味

气炸小管佐明太子酱

小管的营养价值极高，兼具高蛋白以及低脂肪，适合作减脂食材。气炸小管佐明太子酱的做法超级简单，只要先把明太子酱调好，再抹到小管上，最后放入空气炸锅，就能快速吃到微辣，带有奶香味的小管料理。

1人分量	总热量	糖分	膳食纤维	蛋白质	脂肪
186.0g	534.4cal	9.8g	0.0g	81.6g	19.5cal

甜甜咸咸
好入味

日式照烧中卷

日式照烧中卷甜甜咸咸的非常好吃，但在料理前，请务必记得小管要先尓烫再料理，可以避免在烹煮过程中出水，从而改变食物的味道，这样也能使照烧酱更加容易收干、入味。

1人分量	总热量	糖分	膳食纤维	蛋白质	脂肪
220.5g	533.2cal	12.0g	0.1g	107.4g	6.8cal

准备材料（1人份）

小管 200g   日式酱油 10ml
姜片 3g   米酒 2.5ml
味醂 2.5ml   食用油 2.5ml

料理方式

1. 先将小管从身体处直接切成一小段一小段的圈圈状。

2. 将小管放入滚水中汆烫 5 秒后，捞出放置一旁备用。

3. 在不粘炒锅中倒入适量的食用油和姜片，炒至姜的香味出来。

4. 接着加入小管、日式酱油、米酒、味醂拌炒。

5. 等到小管上色并将汤汁收干即完成。

Tips

本料理也可以依照个人喜好改成鱿鱼花切法：先把小管的身体从中间切开，在内腔部位（肚子内面）下刀，并保持小管与料理刀成 45 度角的斜切，轻轻切出一条条的条纹，但不能切断，再把中卷切大块。

照烧中卷便当
总糖分 21.1g

马兹瑞拉西红柿色拉 5.4g

照烧中卷 12.0g

凉拌日式水莲菜 3.7g

花枝便当

准备材料（1人份）

花枝 200g　　　米酒 2.5ml
芹菜 40g　　　黑醋 1ml
姜 3g　　　　食用油 2.5ml
盐 1g

料理方式

1. 先将花枝切片、芹菜切段、姜切丝备用。

2. 在不粘炒锅中放入食用油和姜丝，炒至香味
   飘出。

3. 加入花枝和米酒，持续拌炒约 3 分钟至花枝
   八分熟。

4. 最后放入芹菜一起拌炒至花枝熟透，起锅前
   加入盐和黑醋调味。

Tips

1. 花枝本身就带有咸味，所以这道料理不需要太多的盐，可依个人的口味调整。
2. 中卷切片不卷：要先把花枝的身体从中间切开，在有薄膜的那面下刀，花枝与料理
   刀之间成 45 度角斜切，轻轻切出间距约 1cm 的条纹后，再把中卷切大块。

芹菜炒花枝便当
总糖分 13.3g

滑心蛋 1.1g

芹菜炒花枝 10.3g

奶油海鲜焗白菜 1.9g

Q弹中带
有嚼劲

家常芹菜炒花枝

芹菜是高纤维的蔬菜之一，适量食用对于降血压和排便都有好处，其特殊香气也非常适合搭配海鲜一同料理。芹菜炒花枝这道料理的重点就是"快炒"，以免花枝炒得过熟，导致口感偏硬，快炒会使花枝口感比较鲜甜和富有弹性。

1人分量	总热量	糖分	膳食纤维	蛋白质	脂肪
250.0g	525.9cal	10.3g	0.6g	106.7g	6.8cal

带头带壳生虾分装保存

带头带壳生虾是冷冻品，方便料理。建议携带保冷袋，使其保持在最佳的冷冻状态。

分装保存

买回家后拆掉外包装，整盒放进冰箱冷冻，等到需要料理时，直接用流动水冲洗虾，可以轻易地分成一只一只就可以料理。冷冻虾不建议在室温或冰箱冷藏室低温退冰，否则虾的甜味流失反而变得不新鲜，虾肉吃起来也会软烂糊糊的。

· 2 周 ~3 周冷冻保存。
· 用流动水解冻。

美味关键

如何去肠泥?

1. 为了避免虾吃起来会有沙沙的口感，可以从虾背的第二节和第三节的位置，用牙签向内插入并挑出虾线。

2. 从虾头背部第一节，用剪刀沿着虾仁背中央向后剪开，剪到虾尾，再用刀子沿着虾背划开至 1/2 处，取出虾线。

虾

带尾特大生虾仁是密封夹链袋的包装，每只虾都已去壳，并且保留虾尾，料理上会节省很多处理时间。请携带保冷袋，购买后直接放入以确保虾的冷冻状态。

分 装 保 存

买回家后直接放进冰箱冷冻，每次料理前只需要依据料理所需要的分量，用流动水稍微清洗就可以进行料理，不需要等到完全退冰，以保持虾的口感脆度以及甜味。

· 2 周 ~3 周冷冻保存。
· 直接用流动水解冻。

美 味 关 键

1. 如果怕虾会有腥味的话，可加入米酒以及些许白胡椒粉腌制去腥，吃起来更鲜甜。

2. 判断虾仁是否已经煮熟，通常可以从虾仁卷起来的外观来判定，假如虾身卷起呈现完美的 C 形，代表虾的熟度刚好，吃起来很鲜甜；虾身卷起来呈现 O 形，则表示虾已经煮过头，吃起来就会干干的，没有甜味。

浓郁
奶香四溢

气炸奶酪焗烤虾

虾除了有极高的营养价值外，也是低脂肪、低热量、高蛋白的食材，非常适合推荐给有减脂需求的朋友。搭配富含钙质的焗烤起司，利用空气炸锅料理，餐厅名菜焗烤虾便可上桌。

1人分量	总热量	糖分	膳食纤维	蛋白质	脂肪
151.5g	220.4cal	2.7g	0.2g	34.0g	7.7cal

准备材料（1人份）

带头带壳生虾 120g
黑胡椒 0.25g
焗烤起司条 30g
米酒 1ml
干燥罗勒叶 0.25g

料理方式

1. 用剪刀去掉虾须、虾脚，避免食用时被刺伤，或是影响口感。

2. 虾背先用剪刀开背后，再用刀子把虾背的肉划开，取出虾线。

3. 将虾放在铺有烘焙纸的烤盘上，放进空气炸烤箱，以160℃烤3分钟进行第一次气炸。

4. 把虾取出后，在虾背塞入起司条，依序撒上干燥罗勒叶和黑胡椒，以200℃烤3分钟进行第二次气炸。

Tips

1. 虾在开背料理前，可以倒点米酒稍微泡一会儿去腥。
2. 如果是从市场买回来的活虾，不需要清洗，直接将虾放入保鲜袋，标注购买日期、重量，就可移至冰箱冷冻保存。

焗烤虾便当
总糖分 13.9g

凉拌木耳 6.5g

烤甜椒 4.7g

焗烤虾 2.7g

虾便当

准备材料（1人份）

带头带壳生虾 120g   黑胡椒 5g
盐 1g   白胡椒 5g
蒜片 3g   蚝油 5ml
无盐奶油 1g   食用油 1.5ml
米酒 2.5ml

料理方式

1. 先用剪刀剪去虾须、虾脚，开虾背取出虾线，这样在料理过程中酱汁容易入味，吃起来会更加美味。

2. 在不粘炒锅中加入食用油，并将蒜片炒至有香气后，放入虾和米酒拌炒。

3. 虾炒至约八分熟时，放入蚝油、白胡椒、黑胡椒、盐，持续拌炒至熟透。

4. 最后加入无盐奶油融化拌炒即完成。

Tips

1. 炒虾时请尽量以中火炒，避免因料理太久，虾肉质变太老。
2. 建议一定要放无盐奶油，这样胡椒虾吃起来的口感会比较滑嫩爽脆。

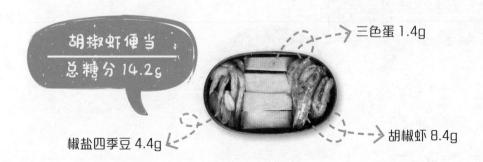

胡椒虾便当
总糖分 14.2g

三色蛋 1.4g

胡椒虾 8.4g

椒盐四季豆 4.4g

辣辣的
好开胃

奶油胡椒虾

利用两种不同的胡椒粒制作的胡椒虾，除了带有浓郁的胡椒香气，在口味上更多了层次感，且在最后起锅前放入无盐奶油，让胡椒虾吃起来更滑嫩、可口，而不会只有胡椒的辛辣。

1人分量	总热量	糖分	膳食纤维	蛋白质	脂肪
144.0g	191.9cal	8.4g	2.6g	27.7g	3.6cal

软软嫩嫩
超减脂

蒜蓉蒸虾豆腐

豆腐含优质植物蛋白，是一种低热量、低 GI（血糖生成指数）的食物，适量食用可达到很好的减脂效果，更有满满的饱足感。这道蒜蓉蒸虾豆腐的做法很简单，只要把酱汁按照比例调配好放进电锅，就能轻松做出宴客等级的大菜。

1人分量	总热量	糖分	膳食纤维	蛋白质	脂肪
220.0g	146.1cal	3.6g	1.4g	21.0g	4.4cal

准备材料（1人份）

带头带壳生虾 120g　　　酱油 4ml
豆腐 300g　　　　　　　蚝油 2ml
蒜头 5g　　　　　　　　米酒 2ml
姜 2g
青葱（依喜好添加）

料理方式

1. 先用剪刀剪去虾须、虾脚，开虾背取出虾线。

2. 将蒜头、姜磨成泥，加入酱油、蚝油、米酒后搅拌均匀。

3. 将豆腐切块平铺在盘子上，把已调好的酱汁淋在豆腐上，接着放进电锅蒸，外锅约放半量米杯的水，蒸至电锅开关键跳起。

4. 接着将虾放在已蒸熟的豆腐上，外锅约放半量米杯的水，进行第二次蒸煮，蒸5分钟~10分钟。起锅后撒上葱花，即完成。

Tips

1. 虾放进电锅蒸的时间，可视虾大小来决定，5分钟~10分钟不等。
2. 由于虾很容易熟，所以在制作时，先将酱汁和豆腐放入电锅蒸入味，最后才放虾，这样不仅可以保留虾的甜味，虾肉吃起来也不会过老。

蒜味虾便当
总糖分 7.7g

蒜蓉蒸虾豆腐 3.6g

胡麻酱佐秋葵 4.1g
* 食用时再淋上胡麻酱

虾便当

准备材料（1 人份）

带头带壳生虾 120g
盐 1.25g
红枣 5g
米酒 1ml
枸杞 5g

料理方式

1. 可依个人习惯，先将虾头的胡须剪掉，方便食用。

2. 取一锅，在冷水中放入红枣、枸杞和米酒，煮沸后水中放入盐。

3. 接着放入虾，等到虾壳变成红色即可捞起，这个过程需 3 分钟~4 分钟。

Tips

1. 视虾的大小来决定汆烫的时间，烫太久虾肉会老。
2. 由于一般市售的红枣跟枸杞的农药残留较高，以及风干时可能会受到污染，因此使用前务必先用流动水清洗，并以约 35℃的温水浸泡至少 10 分钟后再使用。

红枣枸杞虾便当
总糖分 9.5g

葱蛋卷 1.8g

红枣枸杞虾 4.0g

凉拌日式水莲菜 3.7g

鲜甜
红枣味

元气满满红枣枸杞虾

红枣和枸杞都是补气食材，利用这些食材料理，除了虾本身的虾味，还有
红枣和枸杞的甜味，吃起来会更加鲜甜！做法非常简单，只要会开瓦斯炉
就会做，推荐给新手。

1人分量	总热量	糖分	膳食纤维	蛋白质	脂肪
132.3g	134.1cal	4.0g	0.4g	26.6g	0.9cal

脆脆的
清爽口感

双笋炒虾仁

芦笋富含叶酸、维生素 A 和食物纤维，有助于改善便秘，再搭配低卡的玉米笋一起快速拌炒，能保持脆脆的口感。这道菜不仅配色鲜艳，更有饱足感。

1人分量	总热量	糖分	膳食纤维	蛋白质	脂肪
171.0g	85.7cal	3.5g	2.2g	12.3g	1.7cal

准备材料（2人份）

带尾特大生虾仁 160g　　　盐 1.5g
芦笋 100g　　　　　　　　黑胡椒 2g
玉米笋 60g　　　　　　　　米酒 1ml
蒜头 15g　　　　　　　　　橄榄油 2.5ml

料理方式

1. 先将芦笋切段、蒜头切片备用。

2. 在不粘炒锅中放入橄榄油，并将蒜片炒至有香气后，放入芦笋、玉米笋拌炒。

3. 放入虾和米酒持续炒至熟透。

4. 起锅前撒入适量的盐、黑胡椒即完成。

Tips

1. 芦笋遇热很容易变黄，需要通过不断翻炒，让橄榄油均匀地裹在芦笋上，可保持色泽鲜绿以及口感爽脆。

2. 芦笋的根部比较老，口感不好，通常在料理前，先用削皮刀削去芦笋外皮，之后再用刀切除芦笋最末端较老的根部，大约要切掉 2cm。

双笋烧虾仁便当
总糖分 18.4g

洋葱蛋卷 14.9g

双笋炒虾仁 3.5g

虾便当

准备材料（2人份）

带尾特大生虾仁 120g   盐 1g
蒜头 30g   黑胡椒 0.5g
罗勒叶 10g   米酒 2ml
鸿喜菇 100g   橄榄油 5ml
雪白菇 100g

料理方式

1. 先将鸿喜菇、雪白菇洗净拨散，蒜头切片备用。

2. 在不粘炒锅中放入橄榄油，将蒜片炒出香气后，倒入蘑菇并炒至熟透。

3. 接着放入虾仁和米酒，拌炒至虾仁熟透后撒入盐、黑胡椒。

4. 起锅前撒上罗勒叶，再稍微拌炒即完成。

Tips

1. 建议使用现磨的黑胡椒粒取代市售的黑胡椒，这样的胡椒香气更浓郁。
2. 不同的菇类会有不同的香气、口感以及风味，可选用新鲜香菇、杏鲍菇，都很好吃！

塔香虾仁便当
总糖分 12.3g

油拌青花菜 5.0g

青花菜 80g，煮好后与适量的盐、黑胡椒，橄榄油 1ml 搅拌

塔香虾仁 7.3g

鲜甜多汁
营养高

清炒虾仁佐蘑菇

蒜头所含的蒜素和硫氨基酸，不仅营养价值高，更能有效降低胆固醇。这道料理的灵魂在于蒜香和胡椒香，并通过快速拌炒，带出虾仁与蘑菇的鲜甜多汁。

1人分量	总热量	糖分	膳食纤维	蛋白质	脂肪
184.3g	108.0cal	7.3g	3.2g	10.8g	2.9cal

外酥里嫩
杏仁香

气炸杏仁虾

杏仁含有优质的油脂和丰富的不饱和脂肪酸，适量食用可以长时间保持身体血糖稳定，并避免因为饥饿而过度进食。这道杏仁虾看似复杂，其实不难，备好料放入空气炸锅，就能做出美味的气炸虾料理。

1人分量	总热量	糖分	膳食纤维	蛋白质	脂肪
248.8g	348.3cal	11.3g	2.0g	33.4g	18.6cal

准备材料（1人份）

带尾特大生虾仁 150g 盐 1g
鸡蛋 60g（1颗） 黑胡椒 0.25g
杏仁片 25g 白胡椒粉 0.5g
面粉 10g 米酒 1ml
食用油 1ml

料理方式

1. 切开虾背，和米酒、盐、白胡椒粉、黑胡椒搅拌均匀后，腌制约 15 分钟。

2. 将所有材料备好，取 3 个小碗，分别放入杏仁片、面粉、蛋液。

3. 先将虾仁每一面都均匀地裹上面粉。

4. 接着涂抹上蛋汁。

5. 最后包裹杏仁片。

6. 把裹了杏仁片的虾仁表面喷上适量的食用油，再放入空气炸锅以 200℃烤 4 分钟。

1. 建议选择较厚的杏仁片，经过气炸的杏仁吃起来会较脆，香气也较足。
2. 在清洗虾仁时，可用盐搓一两分钟，再用水稍微冲洗，这个动作可以让虾吃起来比较脆。
3. 先将虾仁开背，这样比较容易裹上杏仁片，也可以顺便去除虾线。

杏仁虾便当
总糖分 21.3g

皮蛋炒地瓜叶 4.4g

酱炒茭白 5.6g

杏仁虾 11.3g

柠檬炸虾佐芝麻酱

Cook More

· 准备材料（1人份）

带尾特大生虾仁 150g	面粉 10g
鸡蛋 60g（1颗）	黑胡椒 0.25g
面包粉 10g	米酒 1ml
盐 1g	芝麻酱适量
柠檬适量	

· 料理方式

将白吐司用烤箱烘烤至酥脆，放入搅拌机打成面包粉；将虾仁用盐、米酒、黑胡椒腌制至少15分钟后，依序裹上面粉、蛋液和面包粉。接着将虾仁放进空气炸锅，以200℃烤4分钟，取出后挤上柠檬汁，并可搭配芝麻酱食用。

1人分量 234.3g ｜总热量 240.2cal ｜糖分 15.7g ｜膳食纤维 0.6g ｜蛋白质 28.3g ｜脂肪 6.3cal

一锅到底

有菜有肉 营养满分

五彩缤纷炒五花

没有太多时间料理时，可以尝试着把肉、各色蔬菜放在一起烹饪，简单调味，大火快炒，这样不仅省时、省力，也能兼具配色、美味与营养均衡。

1人分量	总热量	糖分	膳食纤维	蛋白质	脂肪
222.0g	446.3cal	6.8g	3.7g	17.2g	37.2cal

准备材料（1人份）

五花肉片 100g	盐 0.5g
甜椒 60g	黑胡椒 0.5g
玉米笋 45g	米酒 1ml
蒜头 15g	

料理方式

1. 将蒜头切片，甜椒、玉米笋切长条状备用。

2. 在平底锅中放入五花肉片，不需放油，利用肉本身的油脂炒至金黄色，约七分熟。

3. 把蒜片放入锅内，与五花肉片一起拌炒。

4. 将甜椒、玉米笋和米酒一起放入锅中炒至熟透后，加入适量的盐、黑胡椒调味。

Tips

五花肉的油花比一般猪肉更加丰富，所以料理时，若是使用不粘锅的话，可以不放油，或者放少量的油拌炒。利用五花肉本身丰富的油脂来炒蔬菜，也会非常好吃且入味。

五花肉什锦便当
总糖分 6.8g

 3 种食材

 中小火快炒

 10 分钟

牛肉便当

无骨牛小排火锅肉片 300g   青葱 15g
卷心菜 130g   昆布 5g
胡萝卜 100g   日式酱油 90ml
金针菇 200g   味醂 45ml
魔芋条 43g   清酒 45ml
木耳 55g   水 240ml（泡昆布用的水）
洋葱 250g

料理方式

1. 凉开水泡昆布 30 分钟，制作昆布高汤。

2. 将卷心菜切适当大小、洋葱切丝、葱切段、胡萝卜切块备用。

3. 将洋葱丝、葱段、昆布、胡萝卜块、日式酱油、味醂、清酒和昆布高汤，倒入锅中用小火炖约 15 分钟。

4. 接着将无骨牛小排火锅肉片、金针菇、魔芋条、木耳、卷心菜放入锅中用小火煮至熟透即完成。

Tips

1. 干昆布使用前只需要稍微用流动水冲洗表面，把多余盐分洗掉，无须刷洗。
2. 喜欢吃辣的朋友，食用时可在蘸酱蛋汁中撒入适量的七味粉提味。

寿喜烧便当
总糖分 27.7g

 8 种食材

 小火炖煮

 15 分钟

甜甜咸咸
小孩超爱

日式寿喜烧

日本的寿喜烧有两派：关东派是用准备好的清爽高汤倒入锅中与蔬菜一起炖煮，口味较清淡却鲜甜；关西派则是直接在锅中涂抹牛油，放入牛肉煎至喜欢的熟度，再加入砂糖和事前调配好的酱汁，最后放入蔬菜焖煮，口感较为浓郁。这道料理是关东派寿喜烧，并加入大量的蔬菜，可增添饱足感，是减糖好料。

1人分量	总热量	糖分	膳食纤维	蛋白质	脂肪
151.8g	232.6cal	27.7g	4.6g	9.0g	7.8cal

不用卤包
也很美味

蔬菜炖牛肉

这道红烧牛肉有别于传统的做法，完全没有使用豆瓣酱以及中药包，而是以大量的洋葱、西红柿、胡萝卜、白萝卜和牛肉一起炖，吃起来不会过咸，却能吃到更多的蔬菜甜味，更有饱足感。

1人分量	总热量	糖分	膳食纤维	蛋白质	脂肪
337.5g	320.5cal	24.8g	4.5g	24.3g	12.0cal

准备材料（ 2 人份）

嫩肩里脊肉 1kg
洋葱 200g（1 颗）
西红柿 180g（3 颗）
胡萝卜 220g
白萝卜 860g
蒜头 100g
葱 28g

姜 3g
辣椒 3g
八角 0.5g（1 颗）
酱油 90ml
蚝油 45ml
米酒 45ml
水 600ml

料理方式

1. 将洋葱、西红柿、胡萝卜、白萝卜切块，蒜头、
   姜切片，辣椒去籽备用。

2. 嫩肩里脊肉切块后用滚水汆烫至表面无血色。

3. 取一铸铁锅，依序把汆烫后的牛肉和备好的洋葱、
   西红柿、胡萝卜、白萝卜、蒜头、姜、辣椒放入
   锅中。

4. 倒入酱油、蚝油、米酒、八角、水，最后放整根葱。

5. 盖上锅盖，在锅盖和锅缘之间留下约1cm
   的小缝隙，以免汤汁在加热过程中喷出锅外，
   小火炖约50分钟。熄火后，持续焖20分钟。

Tips

1. 因为炖煮需要较长的时间，所以里面用到的红白萝卜、洋葱、西红柿都可以切大块，
   不仅不用花太多时间备料，食材也比较耐煮。
2. 所有的材料放好后，一次加满水，中间过程不可再额外加水。
3. 如果家中没有铸铁锅的话，也可以使用砂锅炖，时间和步骤与用铁锅炖煮一样。

红烧牛肉便当
总糖分 24.8g

🧺 5种食材

🔥 小火炖煮

⏱ 50分钟

奶油海鲜焗白菜

一般的焗烤海鲜会使用白酱，由于白酱的主要成分是面粉、奶油和牛奶，热量稍高，吃多也容易腻。这道料理主要是利用辛香料中的蒜头和黑胡椒，与一点点无盐奶油调味，提升海鲜的鲜甜，以及白菜的清爽味。

1人分量	总热量	糖分	膳食纤维	蛋白质	脂肪
173.9g	124.7cal	1.9g	1.1g	17.0g	4.8cal

海鲜便当

准备材料（4人份）

带尾特大生虾仁 100g　　蒜头 10g
干贝 60g　　　　　　　黑胡椒 0.5g
鲑鱼 160g　　　　　　无盐奶油 5g
白菜 300g　　　　　　白酒 10ml
干酪丝 20g　　　　　　水 30ml

料理方式

1. 将虾仁冲洗、鲑鱼切块，放入不粘炒锅中，不需放油，加入白酒翻炒至表面上色后，取出放置一旁备用。

2. 将蒜头切片、白菜切块，先把蒜片炒至香气飘出，接着放入白菜、水炒至熟透。

 * 如果是使用一般炒锅，步骤 1 请先放 1ml 的食用油，再煎鲑鱼和虾仁。

3. 完成后把所有食材放入烤皿，白菜、虾仁、鲑鱼、生干贝（横切片）、奶油、干酪丝依序堆叠。

4. 最后撒上黑胡椒，送进烤箱以230℃烤约15分钟。

Tips

1. 由于干贝、虾仁、鲑鱼和干酪丝已有一定的咸度，建议焗烤完后，依照个人口味决定是否要加盐。
2. 因为还要进烤箱焗烤，所以在炒鲑鱼、虾仁时，只需要炒到表面上色即可。干贝是可生食的，不需先炒，进烤箱前再铺上就可。

奶油海鲜便当
总糖分 1.9g

 5种食材

 230℃烘烤

 15分钟

酸甜
好鲜味

清炒西红柿海鲜

西红柿除了富含茄红素、维生素C外，更有丰富的膳食纤维，其酸甜的味道更适合与海鲜一起料理。这道清炒西红柿海鲜是一锅到底的经典料理，用新鲜的西红柿搭配白酒和海鲜，烹饪出酸甜好味道。

1人分量	总热量	糖分	膳食纤维	蛋白质	脂肪
168.5g	250.1cal	28.5g	5.0g	21.0g	3.8cal

准备材料（5人份）

带尾特大生虾仁 150g　　洋葱 170g
花枝 30g　　　　　　　　蒜头 10g
鲑鱼 210g　　　　　　　　黑胡椒 0.5g
西红柿 180g　　　　　　　白酒 45ml
豌豆 45g　　　　　　　　食用油 2ml

料理方式

1. 先将蒜头切碎、洋葱切丝、西红柿带皮切块、豌豆去头尾；鲑鱼、花枝切块备用。

2. 在铸铁锅里放入些许的食用油，将蒜头、洋葱倒入爆香，并加进西红柿炖至西红柿变成糊状。

3. 将虾仁、鲑鱼、花枝以及白酒放入铸铁锅内拌炒至七分熟。

4. 把豌豆放入锅内煮至熟透，撒入适量的黑胡椒即完成。

Tips

1. 在炖西红柿时，选择颜色鲜艳、肉质厚且耐煮的西红柿。因为西红柿味较淡，能提味又不会抢走海鲜的风味。
2. 海鲜已有咸度，建议依照个人口味决定是否要加盐。

番茄海鲜便当
总糖分 28.5g

 6 种食材

 小火炖煮

 15 分钟

辣炒小管

Cook More

· 准备材料（1 人份）

小管 200g	玉米笋 45g
蒜头 10g	辣椒 0.5g
罗勒叶 3g	盐 1g
黑胡椒 1g	食用油 2.5ml
水 10ml	

· 料理方式

把切块的小管，放入滚水中汆烫 5 秒后，捞出放置一旁备用。接着在不粘炒锅中倒入适量的食用油、蒜末和辣椒，炒至香味出来，再放入切斜块的玉米笋和水。把玉米笋炒至熟透，再放入已汆烫过的小管拌炒，撒入黑胡椒、盐、罗勒叶即可。

1 人分量 273.0g | 总热量 546.0cal | 糖分 13.6g | 膳食纤维 2.0g | 蛋白质 108.3g | 脂肪 7.0cal

満満
芋头香

芋烧小排佐竹笋

芋头富含蛋白质和膳食纤维，其口感绵密细致，并带有浓郁香气，是一种适合取代米饭的根茎类食材。再搭配低卡高纤的竹笋，以及蛋白质丰富的猪肋排切块，有卤肉的咸香、芋头香以及竹笋的爽脆口感，非常有饱足感。

1人分量	总热量	糖分	膳食纤维	蛋白质	脂肪
214.5g	365.6cal	24.5g	2.8g	18.6g	18.9cal

猪肉便当

准备材料（3人份）

猪肋排切块 600g	砂糖 5g
芋头 300g	白胡椒 1.5g
竹笋 300g	米酒 45ml
胡萝卜 200g	酱油 45ml
姜 3g	香油 5ml
蒜头 30g	食用油 1.5ml
青葱 30g	水 150ml

料理方式

1. 将芋头、竹笋、胡萝卜切块，姜切片、蒜头切末、葱切段备用。

2. 将芋头的每面均匀地涂抹上一层薄薄的食用油，放入空气炸锅以 200℃烤 5 分钟。

3. 将猪肋排切块放入锅中，不需放油，加入砂糖，煎至表面无血色，但有焦糖色。

4. 放入蒜头、姜片、整根的葱、胡萝卜、芋头、竹笋、酱油、米酒、香油、白胡椒粉、水，盖上锅盖，用小火炖煮约 30 分钟即完成。

Tips

1. 为了避免在削芋头时手部发痒，建议戴手套，或者是先把芋头皮削好，再清洗芋头。
2. 如果觉得切芋头很麻烦的话，也可以买切好的芋头块，买回家后直接放冰箱冷冻保存。

芋头排骨便当
总糖分 24.5g

 4 种食材

 小火炖煮

 30 分钟

Cook More

吮指小排

· 准备材料（3 人份）

猪肋排切块 300g　　　　　　蒜头 10g
加州风味蒜味胡椒 3.5g　　　米酒 1ml
酱油 2.5ml

· 料理方式

先将猪肋排切块，再放入蒜头、米酒、酱油以及加州风味蒜味胡椒，放入冰箱冷藏腌制一天入味。第二天把腌制好的猪肋排切块放入电锅中，并以外锅半量米杯的水蒸熟。再在蒸熟的猪肋排切块表面撒上适量的加州风味蒜味胡椒后放置烤箱，以 230℃烤 25 分钟，表面烤至焦黄即完成。

1 人分量 105.7g ｜ 总热量 272.2cal ｜ 糖分 0.9g ｜ 膳食纤维 0.1g ｜ 蛋白质 19.0g ｜ 脂肪 20.7cal

可乐卤五花

只吃肉太单调，这道可乐卤肉放了营养价值极高的海带、鸡蛋和豆干，只要把所有材料一次放入锅中，然后打开瓦斯炉煮沸便完成。这道料理除了有肉香外，更增添了食材的丰富性。

1人分量	总热量	糖分	膳食纤维	蛋白质	脂肪
428.8g	850.4cal	21.6g	1.7g	39.8g	65.6cal

准备材料（4人份）

五花肉 600g　　　　小葱 15g
鸡蛋 360g（6颗）　米酒 10ml
豆干 120g　　　　　酱油 40ml
海带 30g　　　　　　可乐 500ml
蒜头 40g

猪肉便当

料理方式

1. 先将五花肉切块、蒜头切末、葱切丝备用。

2. 鸡蛋外壳稍微冲洗，在电锅外锅中倒入一量水杯的水，再盖上锅盖，按下开关键，等待跳起即完成。把刚煮好的鸡蛋放入冰水中，就可以剥壳，剥好备用。

3. 把五花肉直接放入铸铁锅内，不需放油，煎到表面无血色。

4. 往铁锅内放入豆干、米酒、酱油、可乐、蒜头、小葱、水煮蛋，盖锅盖时，留约 1cm 的缝隙，用小火炖约 40 分钟，最后撒上葱丝装饰就可出锅。

5. 可用卤汁来卤海带，只要将海带放入卤汁中，用小火煮约 15 分钟即可。

卤肉便当
总糖分 27.2g

凉拌四季豆 5.6g

卤肉 21.6g

 4 种食材

 小火炖煮

 40 分钟

气炸红糖五花

Cook More

· 准备材料（3 人份）

五花肉 300g   蒜头 5g
白胡椒 0.5g   红糖酱 15g
树薯粉 0.25g   盐 1g
砂糖 5g   姜 1g
米酒 1ml

· 料理方式

五花肉用红糖酱、砂糖、盐、白胡椒、蒜泥、姜泥以及米酒均匀涂抹后，放入冰箱腌制 2 个晚上。接着将五花肉取出，在正反面均匀裹上树薯粉后静置约 5 分钟等待返潮。把裹好树薯粉的五花肉放入空气炸锅，以 180℃烤 5 分钟进行第一次气炸，之后翻面，以 200℃烤 5 分钟进行第二次气炸便完成。

1 人分量 109.6g ┃ 总热量 411.1cal ┃ 糖分 3.9g ┃ 膳食纤维 0.2g ┃ 蛋白质 14.9g ┃ 脂肪 36.7cal

酱香扑鼻
好清甜

酱烧花雕鸡

酱汁浓郁的花雕鸡做法很简单，先把去骨鸡腿排煮熟后，加入大量的蔬菜。这样做除了可以让菜品更加新鲜美味，还能增添饱足感。炖出来的味道非常清甜、不油腻。

1人分量	总热量	糖分	膳食纤维	蛋白质	脂肪
265.0g	327.2cal	27.8g	4.3g	20.0g	12.5cal

鸡肉便当

去骨鸡腿排 430g（一包 2 片）　魔芋条 110g
玉米笋 70g　　　　　　　　　花雕酒 30ml
青花菜 120g　　　　　　　　　蚝油 15ml
芹菜 10g　　　　　　　　　　酱油 30ml
甜椒 125g　　　　　　　　　　水 120ml

料理方式

1. 将鸡腿排切块，芹菜、甜椒、玉米笋、青花菜切适当大小备用。

2. 将鸡肉直接放入铸铁锅中，鸡皮朝下，不需放油，煎至表面没有血色。如果是使用一般铁锅，可以放些许食用油，再煎鸡腿排。

3. 依序倒入花雕酒、酱油、蚝油、水，盖上锅盖用小火炖约 15 分钟，酱汁会自然呈现黏稠状。

4. 倒入玉米笋、青花菜、甜椒、魔芋条煮至熟透，最后再放芹菜就大功告成。

Tips

1. 芹菜的香气与花雕酒非常搭，不可缺少，其他蔬菜可以依照个人喜好调整。
2. 可把主食材换成猪肋排切块，料理时间、调味及烹饪步骤相同。

花雕鸡便当
总糖分 27.8g

 6 种食材

 小火炖煮

 15 分钟

香煎迷迭香鸡腿排

· 准备材料（2 人份）

去骨鸡腿排 430g   黑胡椒 1g
新鲜迷迭香一小株   白酒 2ml
蒜头 3g   盐 1g
食用油 1ml

· 料理方式

将鸡腿排用蒜头、盐、黑胡椒、新鲜迷迭香（需先用手把迷迭香稍微揉搓出香气）、白酒一起拌匀后，放入冰箱冷藏腌制约 2 小时。将腌制好的鸡腿排上的鸡皮抹油后，朝下放入铸铁烤盘中煎至鸡油出来、鸡皮呈现金黄酥脆，就可以翻面煎至全熟。

1 人分量 219.3g｜总热量 381.7cal｜糖分 0.7g｜膳食纤维 0.3g｜蛋白质 35.8g｜脂肪 24.9cal

蔬菜料理

蔬菜分装保存

蔬菜、水果、菇类众多，价格与质量不太会因气候因素而有大幅度的改变。大家都能以较划算的价格购入高质量的食材。

青花菜

青花菜需挑选球形完整紧密，且没有枯萎变黄的。在清洗青花菜时，可先将其切成一块一块的，再用流动水浸泡 5 分钟 ~10 分钟。清洗干净后，切除部分根部约 0.5cm，并用削皮刀削除根部的表皮。如果担心一次吃不完，可以先将青花菜用滚水烫熟，捞起放入冷水中冷却，沥干水分后放入密封袋，放进冰箱冷藏可保存 1 周。

胡萝卜

胡萝卜要挑色泽饱满的，且表皮光滑没有凹洞、无须根无发芽的。买回家后，可用餐巾纸一根根地包裹起来再放入塑料袋，放置冰箱冷藏可保存 1 周 ~2 周。

白萝卜

白萝卜适合拿来煮汤或者是凉拌。如果一次无法用完，可以用纸把整个白萝卜包裹住再放入塑料袋，放进冰箱冷藏约可保存 1 周。

彩色甜椒

甜椒外观光滑饱满，富含维生素 C 和 β - 胡萝卜素。买回家后先用餐巾纸把表面的水汽擦干，再放入塑料袋系紧袋口，放入冰箱冷藏可保存 1 周 ~2 周。

黄柠檬

黄柠檬有别于绿柠檬的酸，味道较温和，柠檬香气四溢，非常适合烘烤的料理。如果担心一大袋无法用完的话，可以放入塑料袋密封，放进冰箱冷藏约可保存 3 周。

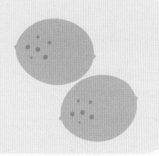

栉瓜

栉瓜表皮光滑，质量好，又是低卡、低 GI 食材，是人气商品。保存时，请用保鲜膜一根根包裹好放入密封袋中，放入冰箱冷藏可保存 1 周 ~2 周。

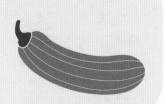

水莲菜

水莲菜棵棵饱满，吃起来爽脆可口。买回家后，仅需要整包放入冰箱冷藏，可保存 3 天 ~5 天。

西红柿

成熟的西红柿大小均匀，饱满且没有凹洞，不仅质量好，价格也非常实惠。如果没办法一次料理完，可以把西红柿整颗放入塑胶袋或密封袋中，放进冰箱冷藏约可保存 3 天。

蘑 菇

菇类整颗肥厚饱满，价格不贵。买回家后，直接整包放入冰箱冷藏约可保存 5 天。

四季豆

四季豆要选饱满且没有咖啡色斑点的。这样的四季豆非常新鲜。买回家后，可以装入塑料袋或密封袋中，放入冰箱冷藏能保存 5 天 ~7 天。

洋 葱

挑选洋葱时，选择表皮光滑无损伤的。洋葱买回家后，只要将整袋洋葱放置于室内通风、干燥的地方，就可以保存约 1 个月。

生 葱

有些超市里的生葱是去头去尾清洗干净的，料理前仅需用流动水稍微冲洗就可，非常方便。生葱可以用餐巾纸分装包裹后再放入密封袋里，放进冰箱冷藏约可保存 1 周。

蒜 头

蒜头分为已剥皮的单颗蒜头和未剥皮的整颗大蒜。我比较推荐未剥皮且蒂头完整的大蒜，只要放在室内通风、干燥、阴凉的地方，保存期限最长可达 6 个月。

苹 果

苹果也可入菜料理。苹果一年四季都可以买到，品种多样！苹果具备催熟的特性，因此保存时不可与其他蔬菜水果放在一起，需把苹果单独放入塑料袋内，放进冰箱冷藏可保存 2 周 ~3 周。

清甜好口感

油烤西红柿栉瓜

栉瓜低卡、低 GI，非常适合做减糖食材。栉瓜和西红柿的水分很多，只要简单调味，再放进空气炸锅，就可同时吃出两种蔬菜的鲜甜味。

1人分量	总热量	糖分	膳食纤维	蛋白质	脂肪
244.0g	62.4cal	5.2g	2.4g	3.1g	2.8cal

准备材料（1人份）

栉瓜 180g
西红柿 60g
黑胡椒 0.5g

盐 1g
橄榄油 2.5ml

料理方式

1. 把清洗干净的栉瓜、西红柿切成薄片（约0.3cm）。

2. 将切好的栉瓜、西红柿放入保鲜盒，加入橄榄油和黑
   胡椒，盖上盒盖上下晃动，让酱料充分包裹食材。

3. 将食材放入空气炸锅排好，以200℃烤4分钟，最后
   再撒入盐。

Tips

1. 由于栉瓜富含β-胡萝卜素，在烹饪的时候需要多加一点儿橄榄油，便于营养素的
   吸收。
2. 新鲜的栉瓜吃起来清甜爽口，略带一点儿脆，如果吃起来是苦的，则表示栉瓜内的
   葫芦素增加，有可能会引发腹泻，不建议食用。

Cook More

凉拌栉瓜面

· 准备材料（1人份）

栉瓜 180g
鸡胸肉 100g
盐 2g
黑胡椒粉适量
柠檬适量
橄榄油 2.5ml

· 料理方式

鸡胸肉清洗干净后，用餐巾纸擦干，
表面涂抹适量盐后，放入电锅蒸熟。
接着将鸡胸肉撕成鸡丝，把洗干净的
栉瓜刨成细丝，并用热水煮熟。把鸡
肉丝、栉瓜细丝和橄榄油、黑胡椒粉、
盐搅拌均匀，挤上新鲜柠檬汁，放在
已煮好的面条上，即完成。

1人分量 325.5g｜总热量 189.2cal｜糖分 7.3g｜膳食纤维 3.4g｜蛋白质 27.4g｜
脂肪 4.1cal

绿色蔬菜

准备材料（2人份）

四季豆 200g
蒜头 15g
椒盐粉 2.5g
橄榄油 2.5ml

料理方式

1. 将四季豆和蒜头冲洗干净后，用餐巾纸吸干食材表面水分。

2. 接着将四季豆切段、蒜头切片，淋上些许橄榄油。

3. 将食材放入空气炸锅，以 200℃烤 4 分钟，最后撒上椒盐粉即好。

Tips

因为四季豆带有"皂素"，所以在料理的时候，一定要确保煮熟。若是没有充分煮熟使"皂素"被破坏，则容易刺激肠胃，导致拉肚子。

Cook More

凉拌四季豆

· 准备材料（2人份）

四季豆 200g
蒜末 10g
盐 2g（调味用）
香油 1.5ml

· 料理方式

在滚水中放入适量盐，将四季豆倒入滚水中汆烫约 5 分钟，确认煮熟透捞起。接着把四季豆放入冰水中降温，沥干水分后，撒入盐、蒜末以及香油，可以放置冰箱冷藏一天再食用。
*蔬菜可换成青花菜、芦笋等，做法相同。

1人分量 106.8g｜总热量 46.8cal｜糖分 5.6g｜膳食纤维 2.7g｜蛋白质 2.2g｜脂肪 1.0cal

脆脆
好爽口

椒盐四季豆

四季豆是一年四季都买得到的食材，由于取材方便，加上具备高含量的膳食纤维，能消水肿，故受到许多人的喜爱。四季豆的料理方式很简单，凉拌、热炒、烘烤都好吃。

1人分量	总热量	糖分	膳食纤维	蛋白质	脂肪
110.0g	40.5cal	4.4g	1.6g	1.6g	1.4cal

口口香脆

香菇炒水莲菜

水莲菜富含膳食纤维且热量极低，只要用水冲洗干净后，简单热炒，或是直接氽烫煮火锅都非常好吃，推荐给正在减重的朋友。

1人分量	总热量	糖分	膳食纤维	蛋白质	脂肪
148.8g	41.4cal	2.6g	3.0g	2.1g	1.5cal

绿色
蔬菜

准备材料（1人份）

水莲菜 160g   米酒 1ml
香菇 80g   食用油 2.5ml
姜 3g   水 50ml（泡香菇用）
盐 1g

料理方式

1. 将干香菇冲洗干净，放在冷水中泡开后切适当大小；
   水莲菜切段、姜切丝备用。

2. 在不粘平底锅中放入食用油、姜丝和香菇，炒出香气。

3. 放入水莲菜、米酒和泡香菇的水，拌炒约 50 秒，起
   锅前加入盐调味。

Tips

在挑选水莲菜时，要选择根饱满没有压痕，表面没有咖啡斑点的。

Cook More

日式凉拌水莲菜

· 准备材料（1人份）

水莲菜 160g
柴鱼片 2.5g
日式酱油 20ml
盐适量（滚水氽烫用）
水适量（氽烫用）

· 料理方式

在滚水中放入盐、水莲菜，氽烫约 2
分钟并煮熟捞起。接着将水莲菜放入
冰水中降温并沥干，再加入日式酱油
以及柴鱼片，搅拌均匀便可食用。

1 人分量 122.5g ｜总热量 43.6cal ｜糖分 3.7g ｜膳食纤维 1.9g ｜蛋白质 4.9g ｜脂肪 0.4cal

183

绿色
蔬菜

青花菜 110g
培根 50g
黑胡椒 0.5g
水 25ml

料理方式

1. 先将培根切段、青花菜切适当大小备用。

2. 在不粘平底锅内直接放入培根，无需加油，利用不
   粘锅的快速导热性，将培根的油逼出，并炒出香气
   来（如果是一般炒锅，则须倒入适量的油）。

3. 放入青花菜和水拌炒至熟透，起锅前撒入黑胡椒即
   完成。

Tips

培根的咸度与油脂偏高。在挑选时可选择用海盐且不加糖腌制的培根，并选油脂均匀
的五花肉，或者是瘦肉较多的猪腿肉，以达到少糖又美味的效果。

Cook More

咖喱烤青花菜

· 准备材料（1人份）

青花菜 110g
孜然粉 2g
咖喱粉 2g
盐 0.5g
橄榄油 3ml

· 料理方式

将青花菜切成小块，冲洗干净并沥干，
再均匀喷上橄榄油后，送至烤箱以
200℃烤8分钟，之后再撒上孜然粉、
咖喱粉、盐，搅拌均匀后，再放入烤
箱以200℃烤3分钟即完成。

1人分量 119.0g ┃ 总热量 69.2cal ┃ 糖分 3.3g ┃ 膳食纤维 3.5g ┃ 蛋白质 2.6g ┃ 脂
肪 3.9cal

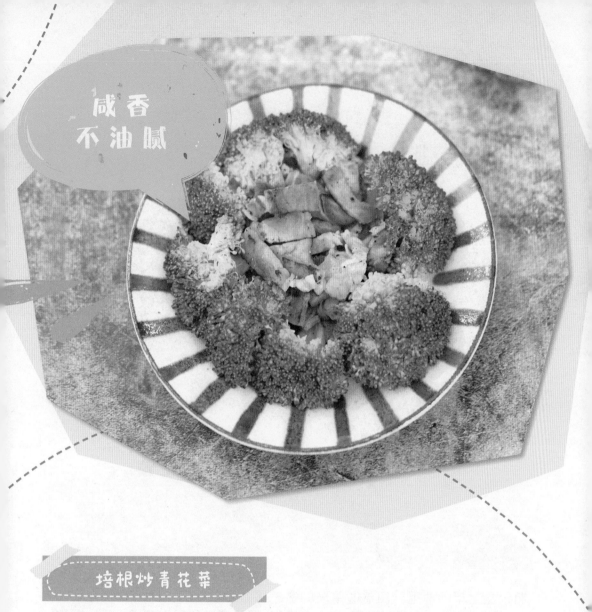

咸香
不油腻

培根炒青花菜

由于培根带有一定的咸度以及油脂，可用培根的油脂和香气来拌炒青花菜，不仅能吃到培根的咸香，搭配青花菜吃起来美味且营养均衡。

1人分量	总热量	糖分	膳食纤维	蛋白质	脂肪
185.5g	213.6cal	2.9g	2.4g	8.8g	18.0cal

醇厚多汁

皮蛋炒地瓜叶

如果觉得单炒地瓜叶口感很单一的话，可以尝试一下这道皮蛋炒地瓜叶。
整道料理多了皮蛋细腻醇厚的味道，又能把地瓜叶的层次变得丰富、好吃。

1人分量	总热量	糖分	膳食纤维	蛋白质	脂肪
247.5g	151.0cal	4.4g	5.5g	12.8g	7.7cal

准备材料（1 人份）

地瓜叶 160g
皮蛋 60g（1 颗）
蒜头 5g
盐 1g
水 20ml
食用油 1.5ml

料理方式

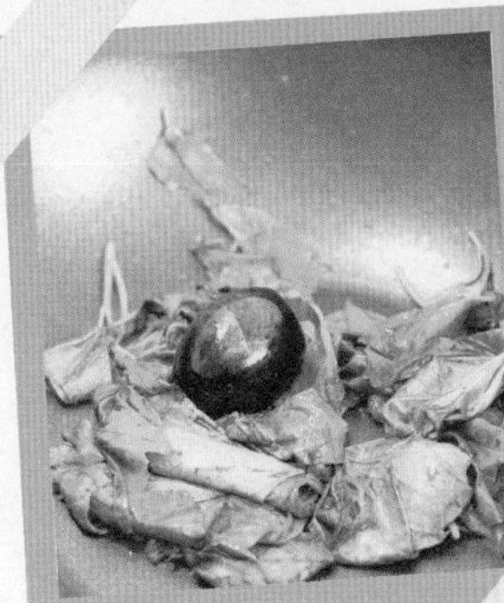

1. 蒜头切片、地瓜叶切段备用。

2. 在不粘平底锅中放入食用油和蒜片，蒜头炒出香气。

3. 接着放入地瓜叶和水，盖上锅盖约 3 分钟，让地瓜叶在锅内焖熟。

4. 最后，再放入皮蛋，用锅铲稍微将皮蛋切碎，拌炒 30 秒，撒上盐即完成。

Tips

在挑选地瓜叶的时候，叶梗是浅绿色的会较新鲜，也比较嫩。

Cook More

蚝油淋地瓜叶

· 准备材料（1 人份）

地瓜叶 160g
蒜末 5g
辣椒 1g（依喜好添加）
蚝油 20ml
米酒 5ml
食用油 1.5ml
盐适量
水（汆烫用）

· 料理方式

在滚水中放入适量盐，加入地瓜叶汆烫约 30 秒后捞起备用。在平底锅中倒入食用油，并把蒜末、蚝油、米酒、辣椒丝放入锅内，煸煮至黏稠状酱汁，即可把酱汁淋在地瓜叶上。

1 人分量 192.5g ｜总热量 103.6cal ｜糖分 9.4g ｜膳食纤维 5.6g ｜蛋白质 6.7g ｜脂肪 2.0cal

绿色
蔬菜

准备材料（2人份）

秋葵 60g
鸡蛋 120g（2颗）
食用油 1.5ml
日式酱油 5ml
水 30ml

料理方式

1. 先将秋葵切成适当大小，日式酱油、鸡蛋混合搅拌均匀备用。

2. 在不粘炒锅内倒入食用油，再放入秋葵拌炒，接着加水炒至熟透。

3. 倒入蛋液，持续拌炒至想要的熟度即完成。

Tips

保存秋葵时，建议把整根秋葵放入保鲜袋内保存。等要料理时，如果是氽烫的话，请整根直接氽烫；若是热炒，等料理前，再切除蒂头，以免黏液流失。

Cook More

胡麻酱佐秋葵

· 准备材料（1人份）

秋葵 100g
胡麻酱 2.5ml
盐适量
水适量（氽烫用水）

· 料理方式

煮一锅水，待水煮沸撒入盐，接着放入秋葵，煮熟后捞起备用。等到秋葵完全冷却，直接淋上胡麻酱即好。

1人分量 102.5g ｜ 总热量 47.6cal ｜ 糖分 4.1g ｜ 膳食纤维 3.8g ｜ 蛋白质 2.1g ｜ 脂肪 1.3cal

滑嫩口感

秋葵炒蛋

秋葵除了膳食纤维丰富外，更富含钙质，非常适合发育中的孩子食用，但有些人不喜欢秋葵带有的黏黏的口感，因此这道秋葵炒鸡蛋，刚好用鸡蛋的滑嫩来中和，非常好吃。

1人分量	总热量	糖分	膳食纤维	蛋白质	脂肪
108.3g	100.0cal	2.5g	1.1g	8.4g	6.1cal

色彩缤纷
超美味

烤甜椒

很多人不喜欢吃甜椒,但通过气炸的方式,可以迅速锁住甜椒的鲜甜和水分,吃起来清爽、清甜,也能让甜椒变成一道人见人爱的料理。

1人分量	总热量	糖分	膳食纤维	蛋白质	脂肪
244.0g	62.4cal	5.2g	2.4g	3.1g	2.8cal

准备材料（2 人份）

甜椒 280g（两个）
盐 1g
黑胡椒 0.5g
橄榄油 5ml

料理方式

1. 将甜椒切块后，连同橄榄油、盐、黑胡椒，一起放入保鲜盒中，盖上盒盖上下晃动，让甜椒充分包裹上佐料。

2. 将调味好的甜椒放入空气炸锅，以 200℃烤 5 分钟~6 分钟即完成。

Tips

蔬菜在进行气炸或烘烤时，务必要确认食材的每一面都喷上食用油，避免烤焦。

Cook More

气炸干酪鲜蔬

· 准备材料（2 人份）

甜椒 140g
栉瓜 90g
干酪 40g
速冻盐水毛豆菜 10g
盐 1g
橄榄油 5ml
巴萨米克醋（依喜好添加）

· 料理方式

将甜椒、栉瓜、干酪切丁，取一烤皿，把以上食材和去壳的毛豆、橄榄油、盐一起搅拌均匀。接着放入空气炸烤箱，以 230℃烤 3 分钟~4 分钟即完成。

1 人分量 143.0g ┃ 总热量 114.3cal ┃ 糖分 3.1g ┃ 膳食纤维 3.0g ┃ 蛋白质 6.1g ┃ 脂肪 7.8cal

黄色蔬菜

准备材料（4人份）

玉米 400g	黑胡椒 0.5g
起司粉 25g	色拉酱 15g
盐 0.5g	红椒粉 0.25g
柠檬 3ml	

料理方式

1. 将洗干净的玉米放入电锅中，外锅加入半量米杯的水，按下开关键蒸熟。

2. 将色拉酱、盐、黑胡椒以及红椒粉依序放入器皿中，搅拌均匀，成抹酱。

3. 在煮熟的玉米表面涂上步骤 2 的抹酱，放入烤箱以 230℃烘烤 15 分钟。

4. 最后，在烤好的玉米表面撒上起司粉，挤上柠檬汁即完成。

Cook More

玉米马铃薯炒胡萝卜

· 准备材料（4人份）

玉米 200g	黑胡椒 1g
蒜末 10g	米酒 1ml
胡萝卜 20g	葱 10g
马铃薯 80g	盐 2.5g
橄榄油 2.5ml	水 250ml

· 料理方式

在不粘炒锅中倒入食用油，将蒜末和葱白、米酒拌炒出香气，加入切块的马铃薯、胡萝卜以及 200ml 的水，煮到马铃薯跟胡萝卜熟透且水分煮完，最后再放入玉米粒，并加入 50ml 的水，拌炒至玉米粒熟透，关火，加入葱绿、盐，撒上现磨黑胡椒粒即完成。

1人分量 106.8g ｜ 总热量 46.8cal ｜ 糖分 5.6g ｜ 膳食纤维 2.7g ｜ 蛋白质 2.2g ｜ 脂肪 1.0cal

浓郁
起司

烤起司玉米

浓郁的起司再搭配些许柠檬汁，让玉米吃起来是酸中带奶香的，真的是超级好吃！

1人分量	总热量	糖分	膳食纤维	蛋白质	脂肪
111.1g	148.4cal	18.9g	1.8g	4.7g	5.2cal

意式风味
开胃菜

马兹瑞拉西红柿色拉

这道马兹瑞拉西红柿色拉是很具代表性的意式风味料理，只要把西红柿、蒜头、马兹瑞拉起司、橄榄油以及罗勒叶混合，就是一道清爽又开胃的前菜，非常适合搭配肉类料理一起享用。

1人分量	总热量	糖分	膳食纤维	蛋白质	脂肪
131.5g	223.8cal	5.4g	2.4g	15.0g	15.1cal

准备材料（2人份）

马兹瑞拉起司 150g   盐 0.5g

西红柿 100g   橄榄油 2.5ml

罗勒叶 10g   大蒜 3g

料理方式

1. 将蒜头切碎、西红柿切块备用。

2. 取一器皿，依序放入马兹瑞拉起司、罗勒叶、西红柿、蒜末，淋上橄榄油，最后撒入盐搅拌均匀。

Tips

如果买不到罗勒叶，也可以用罗勒叶代替，两者虽然在气味及口感上略有不同，但品种相似。罗勒的叶子较圆较肥，味道较清爽；罗勒叶叶较细长，味道较浓郁。

Cook More

凉拌西红柿佐巴萨米克醋

· 准备材料（1人份）

西红柿 100g

罗勒叶 10g

盐 0.5g

橄榄油 2.5ml

巴萨米克醋 2.5ml

· 料理方式

将橄榄油、巴萨米克醋、盐搅拌均匀，成酱汁备用，把西红柿切片后，在每一片西红柿上铺一片罗勒叶，并在上面淋上适量的酱汁。

1人分量 115.5g | 总热量 79.0cal | 糖分 5.7g | 膳食纤维 4.8g | 蛋白质 3.2g | 脂肪 3.3cal

白色蔬菜

准备材料（10 人份）

洋葱 200g（1 颗）　　日式酱油 15ml
柴鱼片 2.5g　　　　　食醋 15ml
白芝麻 2.5g
砂糖 2.5g

料理方式

1. 将洋葱去皮逆纹切丝后，直接浸泡在冰水中，然后放置冰箱冷藏约 30 分钟，去除辛辣味。

2. 将洋葱丝捞起、沥干水分后，加入日式酱油、柴鱼片、食醋、砂糖、白芝麻搅拌均匀，再放入冰箱冷藏腌制至少 1 天。

Tips

1. 在制作之前，除了要将洋葱逆纹切丝，也要让洋葱有足够的时间浸泡在加有冰块的冰水中，这样才能有效降低洋葱的辣味。
2. 凉拌洋葱丝取适量即可。

Cook More

洋葱烧鸡

· 准备材料（4 人份）

洋葱 100g　　　　味醂 6ml
鸡胸肉 200g　　　米酒 3ml
柴鱼片 2.5g
白芝麻 1g
日式酱油 12ml
食用油 2ml

· 料理方式

将洋葱切丝后，在锅中倒入食用油，并把洋葱炒至熟透，再放入鸡胸肉炒至七分熟，最后倒入日式酱油、味醂、米酒，至鸡肉熟透，撒入柴鱼片以及芝麻粒即完成。

1 人分量 81.6g｜总热量 156.3cal｜糖分 18.9g｜膳食纤维 2.8g｜蛋白质 14.0g｜脂肪 1.6cal

清爽
不呛辣

凉拌洋葱丝

洋葱的料理方式多样，只要烹煮得宜，就能轻松吃出洋葱的鲜甜。夏日没有胃口时，不妨来尝试做这道凉拌洋葱丝，保准食欲大开！

1人分量	总热量	糖分	膳食纤维	蛋白质	脂肪
23.8g	79.3cal	15.4g	2.3g	2.0g	0.5cal

酸甜
好解腻

日式腌萝卜

日式腌萝卜做法简单，非常适合搭配肉类料理一起食用，不仅可以解腻，而且能让人胃口大开！

1人分量	总热量	糖分	膳食纤维	蛋白质	脂肪
106.3g	39.2cal	6.9g	2.2g	1.0g	0.1cal

白色
蔬菜

准备材料（6人份）

白萝卜 220g
胡萝卜 400g
砂糖 2.5g
食醋 15ml

料理方式

1. 将红白萝卜洗干净后削皮，切片或切块状备用。

2. 将食材放入保鲜盒中，倒入食醋以及砂糖，酱汁需没过萝卜约 1/3 的高度。

3. 盖上保鲜盒盖稍微摇晃至整个萝卜都裹上酱汁，放置冰箱冷藏约 1 天后即可食用。

Tips

请务必要使用干净、没有水渍和油渍的筷子夹取腌萝卜，否则腌萝卜容易坏掉。

Cook More

日式味噌烤白萝卜

· 准备材料（3人份）

白萝卜 220g
味噌 10g
米酒 5ml
日式酱油 5ml
味醂 5ml

· 料理方式

先将白萝卜切成圆形块状后，放入电锅，外锅倒入 1.5 量米杯的水，蒸至全熟（筷子可轻易插入）。接着在白萝卜的表面涂上已搅拌均匀的酱汁（味噌、米酒、日式酱油、味醂），再送进空气炸锅，以 230℃烤 8 分钟 ~10 分钟，至白萝卜表面的味噌稍微变色且干干的即完成。

1 人分量 81.7g | 总热量 26.5cal | 糖分 3.7g | 膳食纤维 0.9g | 蛋白质 1.0g | 脂肪 0.3cal

白色蔬菜

料理方式

1. 将明太子的外膜去除后，取一器皿挤出明太子，和色拉酱拌匀备用。

2. 马铃薯削皮切块后放置电锅内，外锅倒入一量米杯的水，按下开关键蒸熟。

3. 将已蒸熟的马铃薯放置烤皿中，铺上明太子酱和起司片，送至烤箱以200℃烤10分钟，表面呈现金黄色泽即可。

Tips

由于明太子是腌制过的食材，再加上起司和色拉酱都有咸度，完全不需要额外加盐就已经很够味了。

Cook More

土豆炒培根

· 准备材料（4人份）

马铃薯 200g	培根 50g
蒜头 10g	盐 1g
黑胡椒 1g	
米酒 1ml	
蚝油 12.5ml	
水 25ml	

· 料理方式

先将马铃薯去皮切丝后，浸泡在有盐的冷水中约30分钟，去除表面淀粉并且沥干。将培根切段后，放入炒锅干煎，利用不粘锅的快速导热，将培根的油逼出（如果是使用一般炒锅，则须倒入适量的油）。接着加入马铃薯丝、蚝油、米酒、蒜头以及水，等到马铃薯丝炒至熟透时撒入盐、黑胡椒。

1人分量 75.1g | 总热量 94.3cal | 糖分 8.9g | 膳食纤维 0.8g | 蛋白质 3.4g | 脂肪 4.6cal

咸味
乳酪香

焗烤明太子马铃薯

明太子的咸味中略带淡淡的辣味，非常适合搭配马铃薯以及奶酪一起享用。
这道焗烤明太子马铃薯，不仅可以吃出马铃薯的蓬松口感，而且有明太子
的颗粒感，两种不同的味道在嘴里碰撞，真的是非常好吃！

1人分量	总热量	糖分	膳食纤维	蛋白质	脂肪
110.5g	194.0cal	13.6g	1.0g	6.0g	12.3cal

鲜嫩多汁
好入味

酱炒茭白

茭白的水分很多，纤维含量也很高，热量低又能带来饱足感，所以非常适合做减重食材。茭白吃起来很清甜，无论是水煮、清蒸，还是热炒、烘烤、红烧，都很好吃！

1人分量	总热量	糖分	膳食纤维	蛋白质	脂肪
207.0g	65.8cal	5.6g	3.8g	2.9g	2.5cal

准备材料（1人份）

茭白 180g
烧肉酱 5ml
食用油 2ml
水 20ml

料理方式

1. 先将茭白去皮切适当大小备用。

2. 在不粘平底锅中倒入食用油，先放茭白拌炒，接着加
   水炒至熟透。

3. 最后放入烧肉酱拌炒即完成。

Tips

1. 茭白有时候切开会发现里面有黑点，这是一种菌，并非茭白坏了，只是吃起来会比
   较老。
2. 茭白如果一次吃不完，请不要剥壳，也不要清洗，直接用纸包起后放入塑料袋，放
   至冰箱冷藏可保存 3 天～ 4 天。

Cook More

焗烤茭白

· 准备材料（1人份）

茭白 180g
切达起司 25g
黑胡椒 1g
干燥罗勒叶 0.5g

· 料理方式

直接将整根洗干净的连皮茭白放入烤
箱，200℃烤 10 分钟，接着把烤熟的
外壳剥掉，并且剖半，在剖面上放切
达起司、黑胡椒以及罗勒叶，再放入
烤箱以 200℃烤 5 分钟，烤至表面切
达起司呈现金黄色即可。

1 人分量 206.5g ┃ 总热量 143.6cal ┃ 糖分 5.7g ┃ 膳食纤维 4.1g ┃ 蛋白质 8.8g ┃
脂肪 8.4cal

黑色蔬菜

准备材料（2 人份）

鸿喜菇 100g　　　盐 1.5g
雪白菇 100g　　　无盐奶油 30g
蒜头 10g
干燥罗勒叶（适量）

料理方式

1. 将鸿喜菇和雪白菇洗干净，切除根部蒂头，剥散；
   蒜头切末备用。

2. 取一烤皿，放入鸿喜菇、雪白菇，撒入盐、蒜末、
   干燥罗勒叶以及无盐奶油，送进烤箱以 200℃烘烤
   10 分钟。

Cook More

气炸酱烧菇菇

· 准备材料（1 人份）

香菇 & 雪白菇 100g
芝麻粒 1.5g
烧肉酱 5ml
食用油 1.5ml

· 料理方式

1. 在香菇和雪白菇的表面裹上食用油，
   放入空气炸锅，以 180℃烤 3 分钟进
   行第一次气炸。
2. 步骤 1 完成后，将烧肉酱涂抹在香
   菇上，以 200℃烤 2 分钟进行第二次
   气炸。最后撒上白芝麻粒即完成。

1 人分量 108.0g ｜ 总热量 67.8cal ｜ 糖分 5.8g ｜ 膳食纤维 3.3g ｜ 蛋白质 3.1g ｜ 脂肪 2.7cal

浓厚
香气十足

香料烤蘑菇

菇类富有多糖体，不仅能增强人体的免疫力，其丰富的膳食纤维更有助于保护肠胃健康，所以被广泛运用于焗烤、热炒、煮汤、气炸等料理。

1人分量	总热量	糖分	膳食纤维	蛋白质	脂肪
121.3g	150.2cal	5.1g	2.7g	3.1g	12.7cal

冰凉又爽脆

凉拌木耳

黑木耳素有"身体的清道夫"的美称，富含高浓度的铁质和膳食纤维，拿来凉拌、热炒、卤都好吃！

1人分量	总热量	糖分	膳食纤维	蛋白质	脂肪
230.0g	111.2cal	6.5g	14.9g	3.6g	1.3cal

准备材料（1 人份）

鲜木耳 200g   日式酱油 20ml
辣椒 1g   米酒 2.5ml
姜 2g   香油 1ml
砂糖 1g   乌醋 2.5ml

料理方式

1. 将辣椒、姜切丝备用。

2. 将鲜木耳冲洗干净后，放入滚水中氽烫熟，后捞起放凉备用。

3. 取一保鲜盒，放入辣椒丝、姜丝、酱油、米酒、砂糖、香油、乌醋与木耳搅拌均匀，放置冰箱冷藏至少1 天入味。

Tips

挑选木耳时，木耳正面是黑褐色，背面是灰白色，闻起来清香没有酸臭味，才是新鲜的木耳。

Cook More

木耳炒鸡蛋

· 准备材料（2 人份）

鸡蛋 120g（2 颗）
鲜木耳 200g
葱 20g
盐 2g
黑胡椒 2g

· 料理方式

将鸡蛋打成散蛋后，放入锅中炒熟捞起备用。放入葱白爆香，加入木耳以及适量的水焖熟。最后放入炒熟的鸡蛋，撒入盐、黑胡椒、葱绿即可上桌。

1 人分量 172.0g | 总热量 125.2cal | 糖分 3.3g | 膳食纤维 7.9g | 蛋白质 8.6g | 脂肪 5.6cal

豆腐、鸡蛋料理

咸香
蛋黄香

金沙豆腐

把咸蛋黄和豆腐这两种食材一起料理，能激发出不一样的美味！咸香的蛋黄搭配上滑嫩充满香气的嫩豆腐，真的是好吃得不得了！

1人分量	总热量	糖分	膳食纤维	蛋白质	脂肪
189.3g	160.5cal	6.9g	1.4g	11.2g	9.1cal

准备材料（2人份）

豆腐 300g　　　蒜头 3g
咸蛋 55g　　　食用油 2.5ml
葱 8g
地瓜粉 10g

料理方式

1. 将豆腐切块、咸蛋黄切丁、蒜头切碎，与葱花一起备用。

2. 将豆腐表面裹适量的地瓜粉后，静置5分钟等待返潮。

3. 在平底锅中倒入些许食用油，放入豆腐煎至熟透。

4. 再放入蒜末和咸蛋黄，拌炒至起泡，起锅前再撒上葱花即可。

Tips

由于咸蛋属于腌制品，本身就很咸，因此不需要额外加盐。

豆腐

准备材料（2 人份）

板豆腐 400g	水 50ml
蒜头 5g	乌醋 1ml
青葱 15g	香油 1ml
砂糖 10g	米酒 1ml
酱油 10g	食用油 1ml

料理方式

1. 先将蒜头切碎、葱切段备用。

2. 将酱油、砂糖、水、米酒拌成葱烧酱汁备用。

3. 在不粘锅中倒入食用油，放入板豆腐，将表面煎至金黄色后再放葱段和蒜末以及调好的葱烧酱汁，再盖上锅盖稍微焖 3 分钟，等待板豆腐入味。

4. 最后淋上乌醋和香油即完成。

Tips

板豆腐要切大一点儿的块，可以避免炒菜铲翻面时破裂。

Cook More

日式凉拌柴鱼豆腐

· 准备材料（1 人份）

豆腐 150g
日式酱油 5ml
柴鱼片适量

· 料理方式

用食用水稍微冲洗豆腐表面，用餐巾纸吸干水分后，淋上日式酱油，撒上柴鱼片即完成。

1人分量 156.0g | 总热量 140.6cal | 糖分 8.7g | 膳食纤维 0.8g | 蛋白质 13.9g | 脂肪 5.2cal

满满
葱香味

葱烧豆腐

简单地利用青葱和酱油香，更能吃出豆腐本身的豆香味，虽是家常菜，却是从小吃到大的妈妈味。

1人分量	总热量	糖分	膳食纤维	蛋白质	脂肪
164.7g	143.7cal	11.5g	0.9g	11.7g	5.2cal

酥酥脆脆

气炸椒盐豆腐

豆腐是很多人喜欢的一种食材，不仅是低热量、低 GI 的优质蛋白质来源，而且富含大豆异黄酮以及膳食纤维。只要把豆腐切块、抹油，再放入空气炸锅内，就能在家轻松做出美味、营养的豆腐料理。

1人分量	总热量	糖分	膳食纤维	蛋白质	脂肪
202.3g	190.5cal	11.2g	1.1g	17.0g	8.1cal

准备材料（2 人份）

板豆腐 400g（一盒）
椒盐粉 2g
食用油 2.5ml

料理方式

1. 先用餐巾纸将板豆腐表面水分吸干，正反面都喷油后放入空气炸锅，以 200℃烤 10 分钟进行第一次气炸。

2. 将豆腐翻面，以 200℃烤 4 分钟进行第二次气炸。

3. 起锅后撒上椒盐粉即完成。

豆腐

Tips

在制作气炸豆腐前，一定要先用餐巾纸把豆腐表面水分吸干再抹油，这样做可以让豆腐在气炸过程中每个面都能受热均匀，不容易变焦黑。

Cook More

蒸鱼豆腐

· 准备材料（2 人份）

龙虎斑 150g
豆腐 300g
葱 3g
姜 3g
米酒 2ml
日式酱油 10ml
味醂 5ml

· 料理方式

先将豆腐切块（薄一点儿），取一碗盘放上去。铺上龙虎斑，倒入米酒、味醂跟日式酱油，放上姜丝。放入电锅中，并在外锅加入一量米杯的水，按下电源开关键蒸 10 分钟 ~15 分钟至鱼肉熟透。最后，把葱丝放在已蒸熟的鱼肉上装饰即完成。

1 人分量 236.5g | 总热量 173.4cal | 糖分 4.5g | 膳食纤维 1.3g | 蛋白质 21.2g | 脂肪 7.1cal

鸡蛋

鸡蛋 120g（2 颗）
米酒 0.5ml
皮蛋 60g（1 颗）
香油 0.5ml
咸蛋 60g（1 颗）

料理方式

1. 先将鸡蛋的蛋黄与蛋白分开，蛋白和米酒、香油混合均匀，皮蛋和咸蛋剥壳切小块备用。

2. 将蛋黄搅拌均匀，倒入铺有烘焙纸的玻璃保鲜盒里，放进电锅蒸熟。

3. 在蒸蛋上放入皮蛋和咸蛋，倒进蛋白液，再放进电锅蒸，外锅需加一量米杯的水，电源开关键跳起即完成。

Tips

1. 从电锅中拿出刚蒸好的三色蛋，可以用牙签戳一下看是否熟透，等到冷却后就倒扣盒子，取出三色蛋切块。
2. 咸蛋通常很咸，所以制作这道料理不需加盐，建议咸蛋的蛋白部分可依个人口味减少。

一次满足
三种口味

三色蛋

三色蛋不仅颜色丰富，因有鸡蛋、皮蛋和咸蛋三种不同风味的混合，更能激发食欲，让人忍不住多吃几口。如果做的量稍多，也能放进冰箱冷藏，当作凉拌菜来食用。

1人分量	总热量	糖分	膳食纤维	蛋白质	脂肪
80.3g	121.6cal	1.4g	0.0g	10.1g	8.5cal

滑滑嫩嫩
好 Q 弹

日式蒸蛋

要制作出表面光滑，吃起来滑嫩 Q 弹的蒸蛋需要一点儿小技巧，只要能掌握要点，在家也能做出媲美日料餐厅的日式蒸蛋。

1人分量	总热量	糖分	膳食纤维	蛋白质	脂肪
267.5g	149.8cal	6.2g	0.0g	12.7g	8.5cal

准备材料（ 2 人份 ）

鸡蛋 180g（3 颗）
味醂 10ml
日式酱油 20ml
牛奶 30ml
水 300ml

料理方式

1. 取一器皿将鸡蛋打散，用滤网过滤蛋液。

2. 加入日式酱油、水、味醂以及牛奶，充分搅拌均匀。

3. 将蛋液盛进电锅，锅盖和锅子间留些缝隙，外锅加一量米杯的水，待开关键跳起即完成。

Cook More

溏心蛋

· 准备材料（1 人份）

鸡蛋 60g（1 颗）
酱油：水：味醂 = 2：2：1

· 料理方式

电锅外锅中加水，放入从冰箱里拿出的用水冲洗过的鸡蛋，按下开关键煮 9 分钟即可取出。把煮好的鸡蛋放入冰水中浸泡，请保持冰水的状态。把剥壳后的溏心蛋浸泡在酱油、水、味醂混合的酱汁里至少一天。
每个电锅功率略有不同，需视情况调整料理时间。

1 人分量 60.0g | 总热量 80.7cal | 糖分 1.1g | 膳食纤维 0.0g | 蛋白质 7.5g | 脂肪 5.3cal

鸡蛋

鸡蛋 180g（3 颗）
牛奶 45ml
砂糖 1g
食用油 5ml
盐 1.5g

料理方式

1. 取一器皿，放入鸡蛋、砂糖、牛奶与盐混合搅打均匀。

2. 在不粘锅内涂抹食用油，倒入些许蛋液，摇动煎锅让蛋液均匀分布，等蛋液半熟时用锅铲慢慢将煎蛋卷起来，放置一旁。

3. 将剩余的蛋液分 3 次倒入，重复以上步骤即完成。

Cook More

起司蛋卷

·准备材料（4 人份）

鸡蛋 240g（4 颗）
干酪丝 50g
盐 2g
牛奶 60ml
食用油 6ml

·料理方式

取一器皿，放入鸡蛋、牛奶与盐混合搅打均匀。在不粘锅内放入适量的油，倒入些许蛋液，先稍微煎熟。在蛋皮上撒上干酪丝，用锅铲慢慢地将煎蛋卷起包覆干酪丝，放置一旁。接着重复步骤即完成。

1 人分量 89.5g｜总热量 153.4cal｜糖分 2.4g｜膳食纤维 0.0g｜蛋白质 11.0g｜脂肪 11.3cal

蛋香四溢

玉子烧

这道玉子烧是鸡蛋料理中的经典，材料很简单，只需要鸡蛋、砂糖、牛奶、盐，保证好吃又美味。

1人分量	总热量	糖分	膳食纤维	蛋白质	脂肪
116.3g	159.2cal	3.2g	0.0g	12.0g	11.3cal

Cook More

鸡蛋 + 白色蔬菜

洋葱蛋卷

· 准备材料（5 人份）

鸡蛋 120g（2 颗）
洋葱 100g
无盐奶油 30g
盐 1g
牛奶 30ml

· 料理方式

先将洋葱切丁，鸡蛋、牛奶、盐搅拌均匀备用。在不粘锅中放入奶油加热融化，并且加入洋葱丁炒至熟透。倒入 2/3 蛋液覆盖洋葱丁，稍微煎熟后，用锅铲慢慢地将煎蛋卷起来，并放置一旁。将剩余的蛋液分 3 次倒入，重复以上步骤，继续卷成蛋卷即可。

1 人分量 56.2g | 总热量 151.4cal | 糖分 14.9g | 膳食纤维 2.2g | 蛋白质 4.9g | 脂肪 7.7cal

鸡蛋 + 红色蔬菜

胡萝卜蛋卷

· 准备材料（2 人份）

鸡蛋 120g（2 颗）
胡萝卜 50g（半根）
牛奶 30ml
盐 1g
食用油 3ml

· 料理方式

先将胡萝卜去皮切丁，鸡蛋、牛奶和盐搅拌均匀备用。在不粘锅中倒入食用油，放入胡萝卜丁炒至熟透，接着重复洋葱蛋卷最后步骤即完成。

1 人分量 102.0g | 总热量 113.0cal | 糖分 3.4g | 膳食纤维 0.7g | 蛋白质 8.3g | 脂肪 7.4cal

如果想要玉子烧或蛋卷类料理的鸡蛋吃起来更加滑顺，可以在蛋液搅拌均匀后，用滤网过筛后再进行接下来的步骤。

鸡蛋 + 绿色蔬菜

葱蛋卷

· 准备材料（2人份）

鸡蛋 120g（2颗）
葱 50g
盐 1g
食用油 3ml

· 料理方式

将鸡蛋、葱末、盐混合搅拌均匀备用。在不粘锅中倒入食用油，放入蛋液煎熟后，用锅铲慢慢地将煎蛋卷起来，并放置一旁。将剩余的蛋液分3次倒入，重复以上步骤即可。

1人分量 87.0g ｜ 总热量 100.9cal ｜ 糖分 1.8g ｜ 膳食纤维 0.7g ｜ 蛋白质 7.9g ｜ 脂肪 6.9cal

鸡蛋 + 绿色蔬菜

罗勒叶蛋卷

· 准备材料（2人份）

鸡蛋 120g（2颗）
罗勒叶 30g
日式酱油 5ml
食用油 2.5ml

· 料理方式

先将罗勒叶切成适当大小，接着与鸡蛋、日式酱油一起搅拌均匀，接下来重复葱蛋卷最后步骤即完成。

1人分量 78.8g ｜ 总热量 98.0cal ｜ 糖分 1.5g ｜ 膳食纤维 0.5g ｜ 蛋白质 8.2g ｜ 脂肪 6.6cal

口感丰富

西班牙烘蛋

西班牙烘蛋是很家常又好上手的一道料理，可依照喜好来添加不同的食材。除了一般常见的培根和洋葱外，也可以放青花菜、海鲜，让整道烘蛋的口感更丰富，蛋香更浓郁。

1人分量	总热量	糖分	膳食纤维	蛋白质	脂肪
142.0g	176.6cal	10.6g	1.2g	8.9g	10.6cal

准备材料（3 人份）

鸡蛋 120g（2 颗）
盐 2.5g
马铃薯 150g
黑胡椒 1g
培根 50g
食用油 2.5ml
洋葱 100g

料理方式

1. 先将培根和洋葱切成丁，在铁锅中倒入食用油，把洋葱和培根拌炒至熟透后捞起备用。

2. 在平底锅中倒入食用油后，把切块的马铃薯正反面稍微干煎至表面呈现金黄色，之后把洋葱、培根、搅拌均匀的蛋液（加入盐）倒在马铃薯上。

3. 把铁锅直接放入空气炸烤箱内，以 200℃烤 15 分钟，烤完撒上黑胡椒粉即完成。

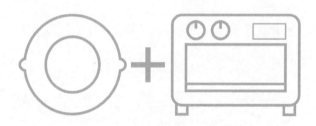

Tips

1. 喜欢厚实烘蛋的人，可以选择用深一点儿的锅来制作。
2. 如果家里没有烤箱，当蛋液约八分熟时，可以把半熟的烘蛋先倒扣在盘子内，之后再顺着盘缘把烘蛋重新放回平底锅，这个动作能把不熟的那面烘蛋也烘熟。

鸡蛋 + 白色蔬菜

料理方式

1. 将马铃薯去皮切丝后，直接铺在铁锅中，并在马铃薯丝中间的凹槽打入一颗鸡蛋。

2. 在马铃薯丝上淋上橄榄油，并且均匀地撒上盐。

3. 把铁锅放进空气炸烤箱中，以 200℃烤 20 分钟进行第一次气炸；之后从空气炸烤箱中取出后，撒上葱花、黑胡椒并铺上起司片，以 230℃烤 5 分钟进行第二次气炸。

Tips

马铃薯是直接用空气炸烤箱烘烤，因此要把马铃薯切成丝，这样受热比较快且均匀，容易熟透。

Cook More

气炸波特贝勒菇蛋

· 准备材料（2人份）

波特贝勒菇 150g（2朵）
鸡蛋 120g（2颗）
盐 1g
奶油 2g
黑胡椒 1g
蒜头 3g
巴西利（装饰用）

· 料理方式

将波特贝勒菇冲洗干净后，用餐巾纸把表面水分吸干，把蒂头拔掉后，在蘑菇帽那面放入盐、黑胡椒、奶油以及蒜末，放进空气炸烤箱中，以 200℃烤 6 分钟。波特贝勒菇取出后打入一颗鸡蛋，再以 230℃烤 8 分钟 ~9 分钟至鸡蛋凝固，食用前撒上巴西利装饰。

1 人分量 138.7g | 总热量 115.4cal | 糖分 2.7g | 膳食纤维 1.2g | 蛋白质 9.7g | 脂肪 7.0cal

外酥脆
内软嫩

马铃薯佐起司烤蛋

这道料理的做法很简单，只要把马铃薯去皮切丝后，将鸡蛋直接打在马铃薯丝上，放入空气炸烤箱，便能同时吃到鸡蛋的滑嫩、马铃薯的绵密口感，真是美味。

1人分量	总热量	糖分	膳食纤维	蛋白质	脂肪
95.8g	98.3cal	11.4g	1.1g	4.3g	3.4cal

酸甜好滋味

西红柿炒蛋

新鲜西红柿中富含茄红素，需要加热并用少量的油一起料理，才能释放出更多的营养价值。

1人分量	总热量	糖分	膳食纤维	蛋白质	脂肪
133.8g	125.7cal	5.1g	1.0g	8.5g	7.9cal

准备材料（2人份）

鸡蛋 120g（2颗）
盐 1.5g
西红柿 120g（2颗）
蒜头 15g
葱 5g
食用油 5ml
砂糖 1g

料理方式

1. 先将西红柿切块、蒜头切碎备用。

2. 在不粘炒锅中倒入食用油，再放入蒜头，并且炒出香气来。

3. 放入西红柿，一边拌炒一边把西红柿稍微压一压，再倒入蛋液并持续炒至九分熟。

4. 最后，撒入盐、砂糖和葱花即完成。

Tips

1. 西红柿中的茄红素是脂溶性的营养素，因此料理时需要适量的油脂，并且加热后才会较容易被人体吸收，成为更好的营养来源。

2. 如果不喜欢西红柿皮的口感，可以用刀在西红柿的底部（不是梗那面）轻轻划上深度约1cm的十字状，再放入滚水中煮20秒～30秒，捞起放入冰块水中降温，便能轻松去除西红柿皮。

Cook More

鸡蛋 + 绿色蔬菜

四季豆炒蛋

· 准备材料（1 人份）

四季豆 100g
鸡蛋 120g（2 颗）
盐 1g
牛奶 30ml
食用油 3ml

· 料理方式

先将四季豆横切，鸡蛋、牛奶和盐搅拌均匀备用。在不粘炒锅内倒入食用油，再放入四季豆，并炒至熟透。接着倒入蛋液拌炒至想要的熟度即完成。

1 人分量 127.0g｜总热量 120.4cal｜糖分 4.1g｜膳食纤维 1.3g｜蛋白质 8.9g｜脂肪 7.4cal

鸡蛋 + 黄色蔬菜

玉米炒蛋

· 准备材料（2 人份）

玉米粒 80g
鸡蛋 180g（3 颗）
盐 0.5g
牛奶 50ml
食用油 2.5ml

· 料理方式

将罐头玉米的水分沥干，鸡蛋、牛奶、盐搅拌均匀备用。在不粘炒锅中倒入食用油，放入玉米并炒出香气，接着加进蛋汁，炒熟即可。

1 人分量 156.5g｜总热量 183.8cal｜糖分 8.2g｜膳食纤维 1.5g｜蛋白质 13.0g｜脂肪 10.7cal